普通高等教育规划教材

零基础创建基于Python和Flask的深度学习预测网站

一步步引导从后端开发到模型部署的实践指南

程翔 刘子 严帅 喻庆志 袁海芹 编著

天津大学出版社
TIANJIN UNIVERSITY PRESS

内容提要

本书面向零基础读者，旨在教授学生如何从零开始，利用 Python 和 Flask 框架，结合深度学习技术，构建一个基于深度学习模型的预测网站。本书共 12 章，内容涵盖开发环境准备、数据库与数据库管理、用户管理与认证、前端开发与用户体验、测试与部署、性能优化与维护等。本书通过实战案例，帮助读者逐步掌握相关知识。

本书不仅适用于普通高等院校相关专业的学生，还适用于对网站开发和深度学习有兴趣的初学者以及想要将深度学习模型应用于实际项目的开发者。

图书在版编目（CIP）数据

零基础创建基于Python和Flask的深度学习预测网站 ：一步步引导从后端开发到模型部署的实践指南 / 程翔等编著. -- 天津 : 天津大学出版社, 2025. 2. --（普通高等教育规划教材）. -- ISBN 978-7-5618-7878-1

Ⅰ. TP311.561

中国国家版本馆CIP数据核字第2024895R5T号

LINGJICHU CHUANGJIAN JIYU PYTHON HE FLASK DE SHENDU XUEXI YUCE WAGNZHAN

YI BUBU YINDAO CONG HOUDUAN KAIFA DAO MOXING BUSHU DE SHIJIAN ZHINAN

出版发行 天津大学出版社
地　　址 天津市卫津路92号天津大学内（邮编：300072）
电　　话 发行部：022-27403647
网　　址 www.tjupress.com.cn
印　　刷 北京虎彩文化传播有限公司
经　　销 全国各地新华书店
开　　本 787mm×1092mm　1/16
印　　张 16
字　　数 420千
版　　次 2025年2月第1版
印　　次 2025年2月第1次
定　　价 89.00元

前　言

随着人工智能和深度学习技术的快速发展，越来越多的应用程序开始集成这些先进的技术，从而实现自动化的决策、预测和数据处理功能。然而，对于许多零基础的开发者或刚入门的技术爱好者来说，如何将深度学习模型集成到一个真实世界的应用中，往往是一个巨大的挑战。特别是当涉及构建一个基于 Web 的应用时，难度和复杂性会进一步增加。

本书的目标是帮助没有任何深度学习基础或 Web 应用开发背景的读者，通过简单易懂的步骤，从零开始构建一个基于 Python 和 Flask 框架的深度学习预测网站。通过对本书的学习，读者将掌握以下几个核心技术。

（1）Python 编程。Python 是数据科学和深度学习的首选语言，读者将学习到如何使用 Python 编写代码，并理解常用的编程概念。

（2）深度学习模型。本书将带领读者构建一个简单的深度学习模型，并使用开源工具如 PyTorch 进行训练。

（3）Flask 框架。Flask 是一个轻量级的 Python Web 框架，读者将学习如何利用 Flask 将深度学习模型部署到 Web 应用中，从而实现实时的预测功能。

（4）前端基础。为了帮助读者设计出简单而功能齐全的用户界面，使网站能够与用户交互，本书还会介绍一些基本的前端技术，如 HTML、CSS 和 JavaScript。

通过对本书的学习，读者不仅可以掌握如何开发和部署深度学习模型，还能熟悉如何将其嵌入实际的 Web 应用中，使得机器学习模型不再只是停留在理论或实验阶段，而是能够为真实的应用场景服务。

本书的内容介绍采用循序渐进的方式，从环境配置、基本工具的安装，到最终应用的部署，每一个环节都提供详细的指导和说明。即便是零基础的读者也能在学习本书之后，独立搭建深度学习预测网站。

感谢所有对本书编写提供帮助和支持的朋友和同事。特别感谢我的导师、同事以及家人，正是你们的支持让我有机会完成这本书。

程翔

2025 年 1 月

目　　录

第 1 章　引言

在当今的科技驱动时代，深度学习已经成为人工智能（AI）领域最重要的技术之一。从图像识别、语音识别到自然语言处理（Natural Language Processing，NLP），深度学习正推动着众多行业的创新与变革。然而，尽管深度学习的潜力巨大，许多开发者却因其看似复杂的算法和实现方式而望而却步。与此同时，互联网的普及和 Web 应用的快速发展为将深度学习应用于实际场景提供了前所未有的机遇。通过将深度学习模型嵌入 Web 应用中，开发者可以创建智能且交互式的在线工具，帮助用户解决各种实际问题。

本书正是为那些希望将深度学习应用到 Web 开发中的读者而编写的。无论你是 AI 领域的初学者，还是已经掌握 Python 编程并希望进一步了解深度学习和 Web 应用的开发者，本书都将带你从零开始，逐步构建一个实用的深度学习预测网站。

1.1　为什么选择 Python 和 Flask

Python 已经成为深度学习开发的首选语言，主要因为其简单易学且拥有丰富的库支持。无论是 TensorFlow 还是 Keras，Python 都提供了强大的生态系统，使得构建、训练和部署深度学习模型变得更加高效。而 Flask 作为一个轻量级的 Web 框架，以其简单、灵活、易于上手的特点，成为许多 Python 开发者的首选。基于 Flask，开发者能够快速创建功能强大、可扩展的 Web 应用。

1.2　深度学习与 Web 应用的结合

在过去，深度学习模型通常仅用于学术研究或封闭的工业应用。然而，随着云计算和 Web 技术的发展，越来越多的深度学习模型正在通过 Web 应用为普通用户服务。例如，用户可以通过上传图像来获得图像分类模型的预测结果，或通过输入文本，让 NLP 模型进行情感分析。深度学习与 Web 应用的结合，让 AI 不再仅仅局限于实验室，而是能直接在用户日常生活中发挥作用。

1.3　本书的目标

本书的目标是通过简单易懂的步骤，帮助读者掌握如何将一个经过训练的深度学习模型部署到 Web 应用中。我们通过使用 Flask 框架，将深度学习模型集成到一个用户友好的网站中。最终，读者将学会如何构建一个可供用户输入数据并返回预测结果的在线工具。本书的主要目标如下。

（1）理解深度学习的基础概念及实际应用。

（2）掌握如何使用 Python 及 Keras/TensorFlow 来构建并训练深度学习模型。

（3）了解 Flask Web 框架的基础知识，并学习如何构建简单的 Web 应用。

（4）学习如何将深度学习模型集成到 Web 应用中，并实现用户交互。

（5）探索如何将构建好的应用部署到云端，并提供给用户使用。

1.4　你将学到什么

通过对本书的学习，读者不仅会掌握深度学习模型的基本原理，还将深入理解如何使用 Flask 开发一个完整的 Web 应用。具体学习内容如下。

（1）深度学习基础：神经网络的工作原理以及如何使用 Keras 构建深度学习模型。

（2）Web 开发基础：如何使用 Flask 创建响应式和动态的 Web 应用。

（3）模型集成：如何将深度学习模型加载到 Flask 应用中，实现在线预测功能。

（4）部署技巧：如何将应用部署到线上服务器上，让更多用户可以访问并使用你创建的深度学习预测网站。

1.5　如何使用本书

本书适合有一定编程基础，但对深度学习和 Web 开发还不熟悉的读者。在学习本书的过程中，读者不需要拥有任何深度学习或 Web 开发的经验，只要对 AI 感兴趣，并且愿意动手实践，就可以逐步掌握从模型开发到部署的完整流程。本书将从最基本的概念开始，通过简单明了的代码实例，帮助读者逐步构建属于自己的深度学习预测网站。

无论是想提升自己的 AI 开发技能，还是想创建一个可以实际应用的在线工具，本书都将为读者提供必备的知识和实践机会。

1.6　总结

深度学习正以惊人的速度改变着人们生活的方方面面，而通过 Web 应用将这一技术带给更多人，将会产生更加广泛的影响。本书将带领读者从零开始，掌握如何使用 Python 和 Flask 构建一个基于深度学习的预测网站。让我们一起开启这段学习之旅，迈向将深度学习与 Web 开发结合的新时代。

第 2 章　开发环境准备

2.1　环境搭建

2.1.1　安装 Python 和 Anaconda

安装 Anaconda 是一个相对简单的过程，以下是详细的步骤。

1. 下载 Anaconda 安装程序

打开浏览器，访问 Anaconda 官网。Anaconda 官网下载页面如图 2.1 所示。

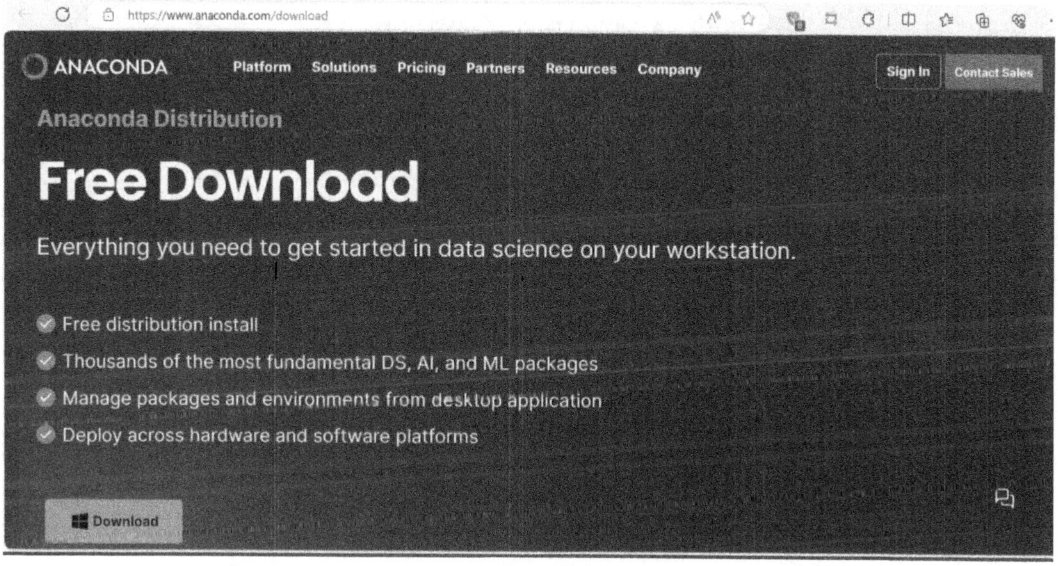

图 2.1　Anaconda 官网下载页面

推荐用户使用另外一种方法，清华大学开源镜像网站：

```
https://mirrors.tuna.tsinghua.edu.cn/anaconda/archive/
```

用户可以根据自己的电脑选择对应版本，目前最新版本是 2024.10-1-Windows，如图 2.2 所示。

Anaconda3-2024.06-1-Linux-aarch64.sh	800.6 MiB	2024-06-27 04:48
Anaconda3-2024.06-1-Linux-s390x.sh	425.8 MiB	2024-06-27 04:48
Anaconda3-2024.06-1-Linux-x86_64.sh	1007.9 MiB	2024-06-27 04:48
Anaconda3-2024.06-1-MacOSX-arm64.pkg	704.7 MiB	2024-06-27 04:48
Anaconda3-2024.06-1-MacOSX-arm64.sh	707.3 MiB	2024-06-27 04:48
Anaconda3-2024.06-1-MacOSX-x86_64.pkg	734.7 MiB	2024-06-27 04:49
Anaconda3-2024.06-1-MacOSX-x86_64.sh	737.2 MiB	2024-06-27 04:49
Anaconda3-2024.06-1-Windows-x86_64.exe	912.3 MiB	2024-06-27 04:49
Anaconda3-2024.10-1-Linux-aarch64.sh	843.2 MiB	2024-10-24 01:52
Anaconda3-2024.10-1-Linux-s390x.sh	441.2 MiB	2024-10-24 01:52
Anaconda3-2024.10-1-Linux-x86_64.sh	1.0 GiB	2024-10-24 01:52
Anaconda3-2024.10-1-MacOSX-arm64.pkg	744.6 MiB	2024-10-24 01:52
Anaconda3-2024.10-1-MacOSX-arm64.sh	747.2 MiB	2024-10-24 01:52
Anaconda3-2024.10-1-MacOSX-x86_64.pkg	776.0 MiB	2024-10-24 01:52
Anaconda3-2024.10-1-MacOSX-x86_64.sh	778.5 MiB	2024-10-24 01:52
Anaconda3-2024.10-1-Windows-x86_64.exe	950.5 MiB	2024-10-24 01:52
Anaconda3-4.0.0-Linux-x86.sh	336.9 MiB	2017-01-31 01:34
Anaconda3-4.0.0-Linux-x86_64.sh	398.4 MiB	2017-01-31 01:35
Anaconda3-4.0.0-MacOSX-x86_64.pkg	341.5 MiB	2017-01-31 01:35
Anaconda3-4.0.0-MacOSX-x86_64.sh	292.7 MiB	2017-01-31 01:36
Anaconda3-4.0.0-Windows-x86.exe	283.1 MiB	2017-01-31 01:36
Anaconda3-4.0.0-Windows-x86_64.exe	345.4 MiB	2017-01-31 01:37
Anaconda3-4.1.0-Linux-x86.sh	328.4 MiB	2017-01-31 01:38

图 2.2　Anaconda 的 2024.10Windows 版本

2. 安装 Anaconda

直接找到下载好的安装文件双击打开，如图 2.3 所示。

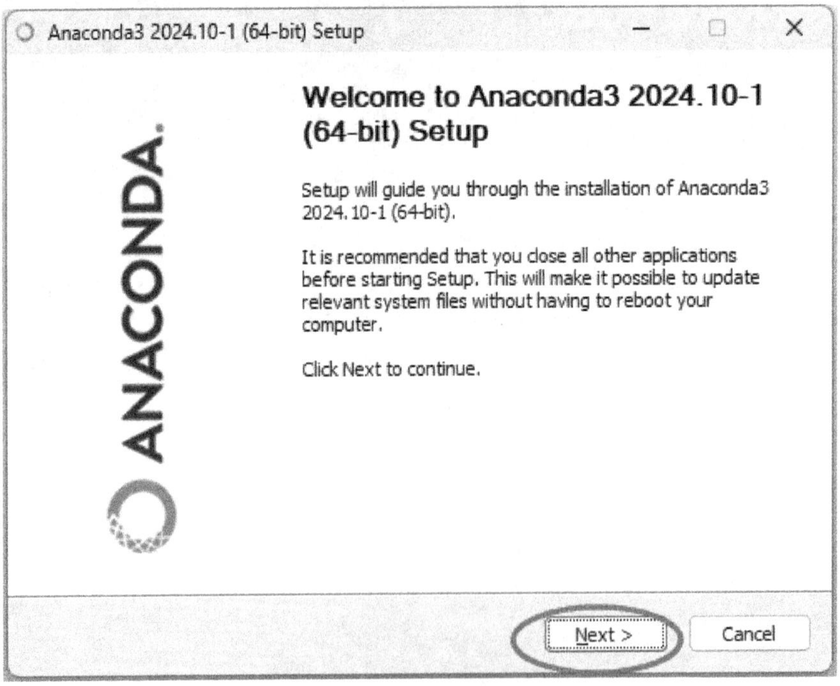

图 2.3　Anaconda 安装页面

选择安装类型，须注意默认选项是第一个，请手动选择“All Users(requires admin privileges)”，如图 2.4 所示。

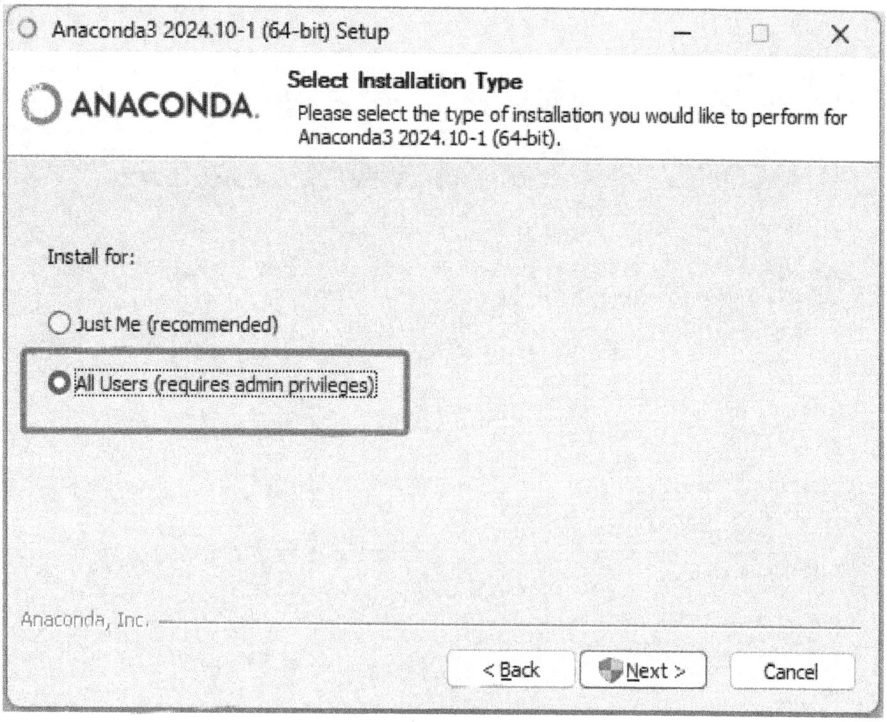

图 2.4　选择安装类型

选择安装路径，建议装在 C 盘，避免使用过程中出现某些错误，如图 2.5 所示。

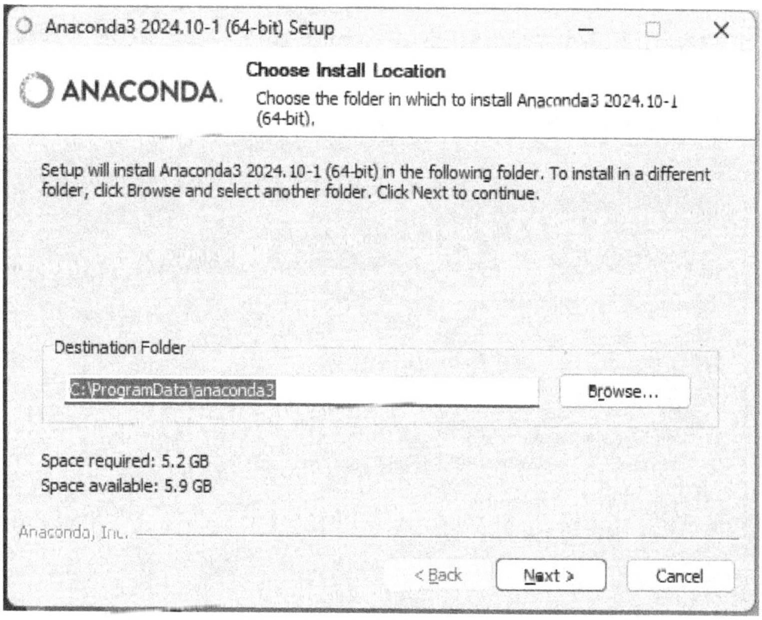

图 2.5　选择安装路径（C 盘）

如果装在 E 盘，将在 E 盘建立一个新的文件夹（E:\Anaconda），注意这个文件夹的名称不要使用中文或者空格、特殊字符。选择好安装目录后，点击“Next”按钮进入下一步，如图

2.6 所示。

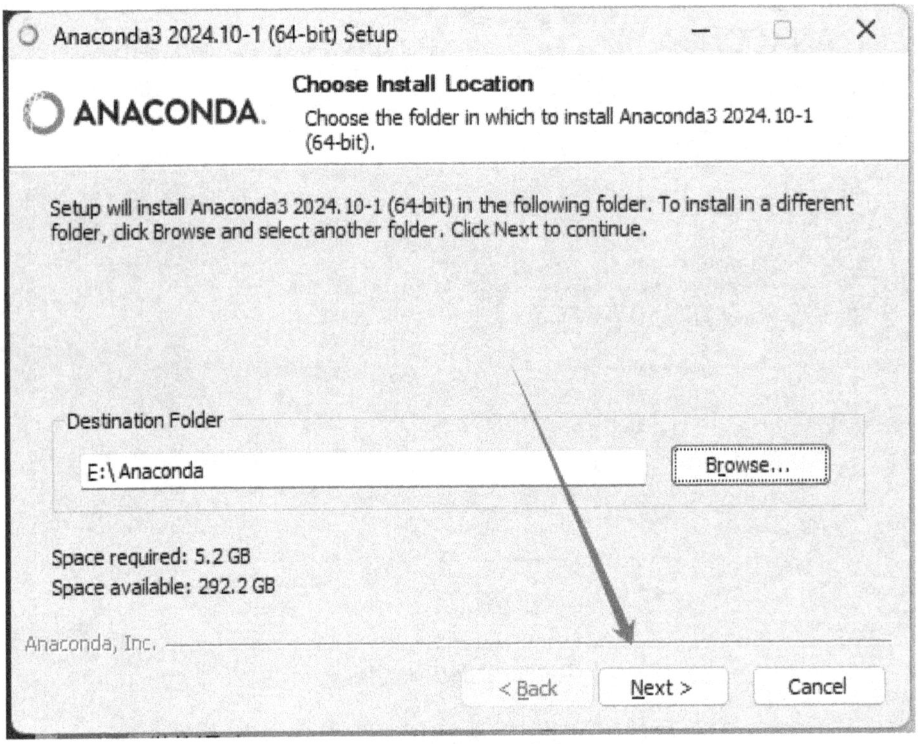

图 2.6　选择安装路径（E 盘）

进入高级安装操作，如图 2.7 所示。第一个选项是将安装路径添加到系统环境变量中，如果勾选，后面使用中可能会出现问题，建议不勾选（觉得手动配置有难度的当然也可以勾选），然后手动添加环境变量。第二个选项默认勾选。

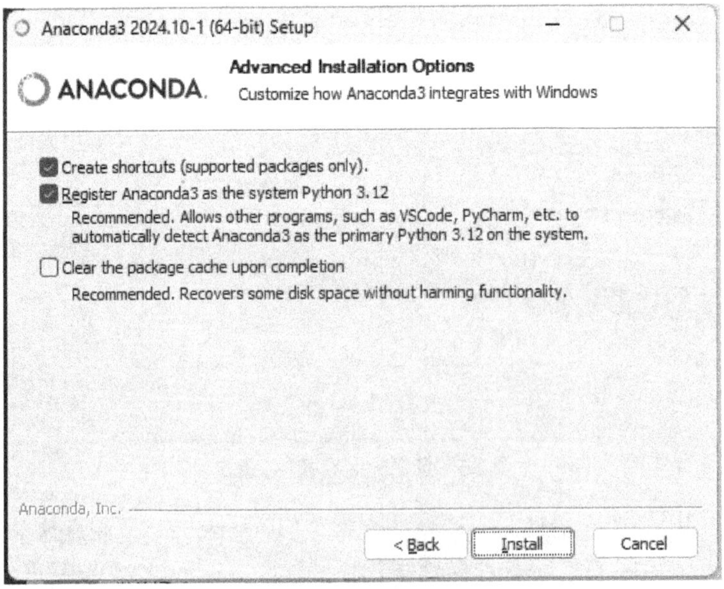

图 2.7　高级安装操作

等待安装，如图 2.8 所示。

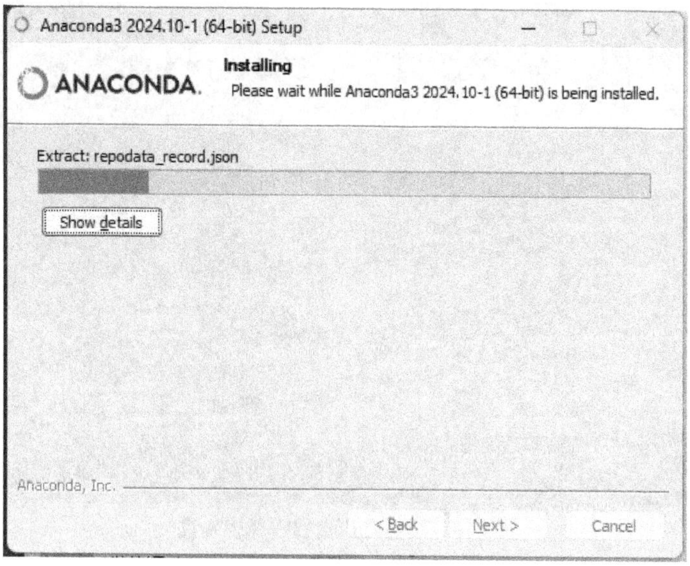

图 2.8　等待安装

安装完成，如图 2.9 所示。

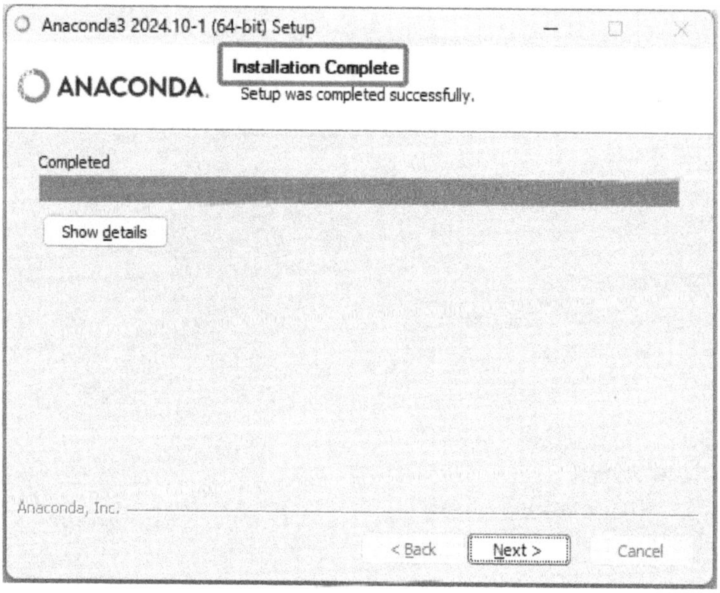

图 2.9　安装完成

3. 配置 Anaconda

可以通过右击“此电脑”，在弹出的菜单中点击“属性”→“高级系统设置”→“环境变量”→“Path”→“编辑”→“新建”进行配置（很多软件都采用这种方法配置环境变量），或者直接按“Win”键，搜索“环境变量”进行配置。下面介绍第二种配置方法，如图 2.10 至图 2.13 所示。

按“Win”键并搜索环境变量(图 2.10),打开图 2.11 所示的系统属性窗口。

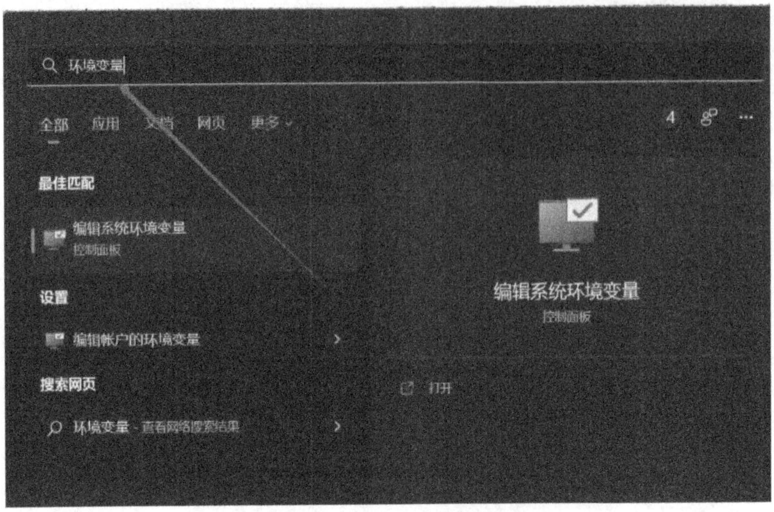

图 2.10　按“Win”键搜索环境变量

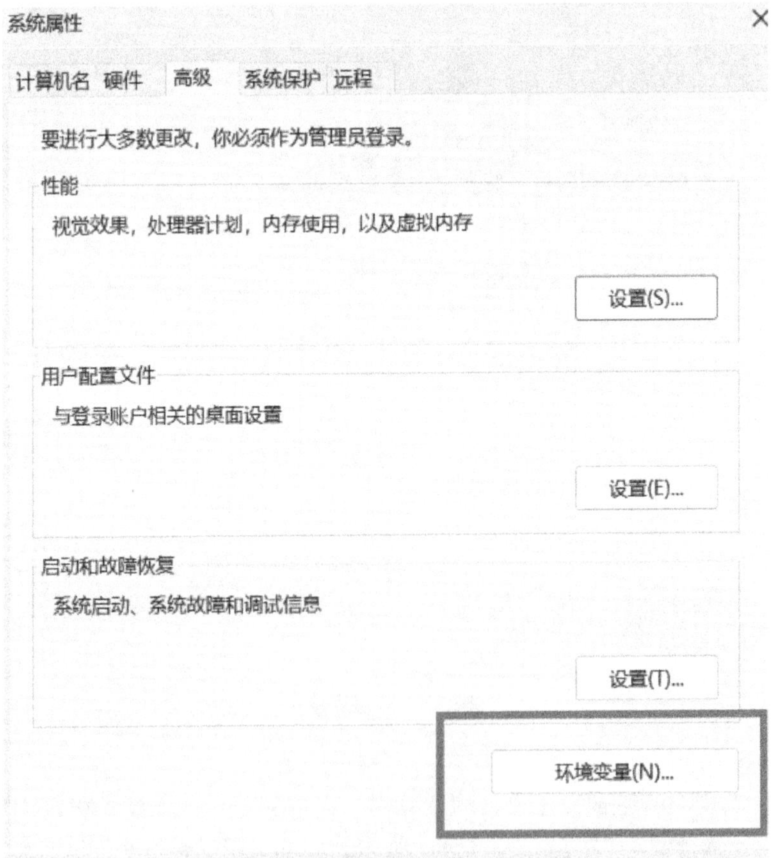

图 2.11　系统属性中的高级设置

点击“环境变量”,在打开的窗口中双击“Path”,点击“新建”按钮,如图 2.12 所示。

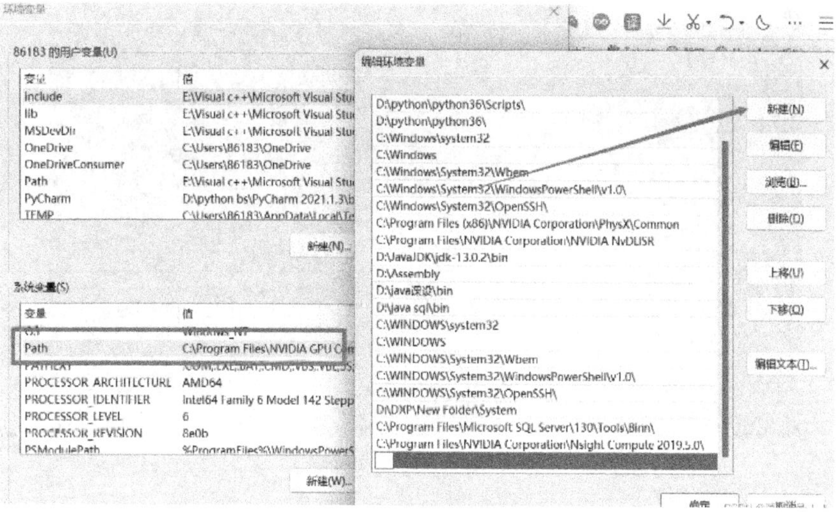

图 2.12　新建环境变量

把软件路径写入环境变量（注意此处安装在 E:\Anaconda 这个目录，用户需根据自己实际安装目录进行调整），如图 2.13 所示。

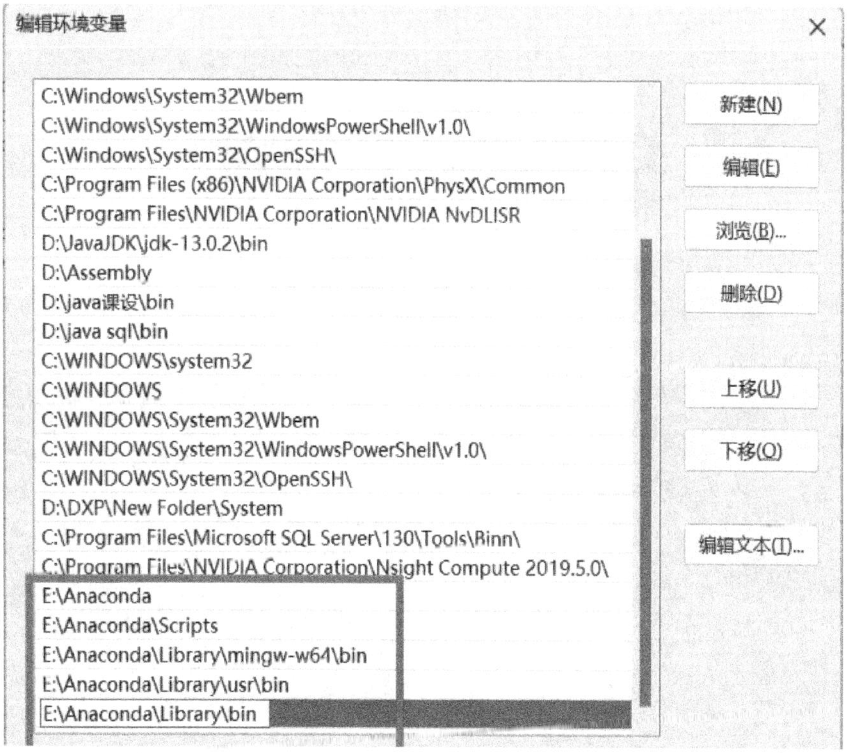

图 2.13　写入 Anaconda 的环境变量

4. 测试是否配置成功

进入 cmd，如图 2.14 所示。

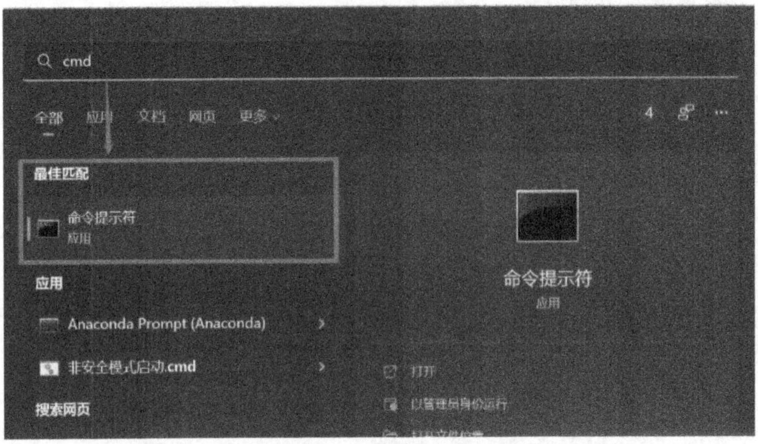

图 2.14　进入 cmd

输入“python”,看是否有 Python 环境,如图 2.15 所示。

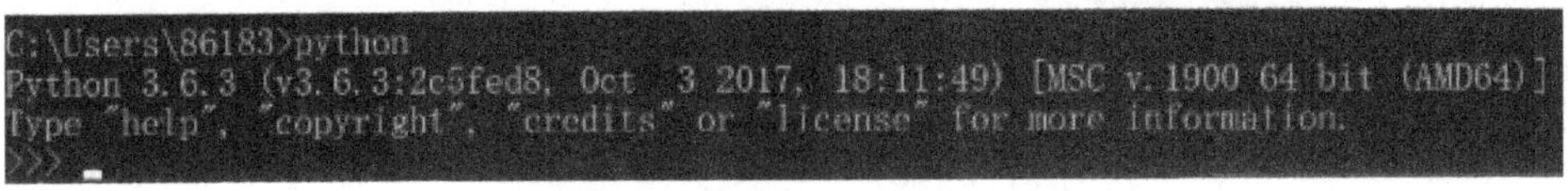

图 2.15　输入“python”

输入“conda --version”,如图 2.16 所示即为有 Anaconda 环境。

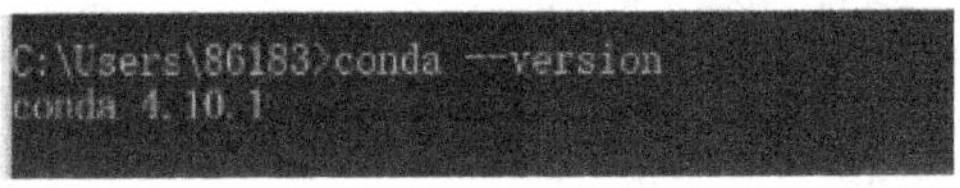

图 2.16　有 Anaconda 环境的显示结果

或者输入“conda info”,查询 conda 信息,如图 2.17 所示。

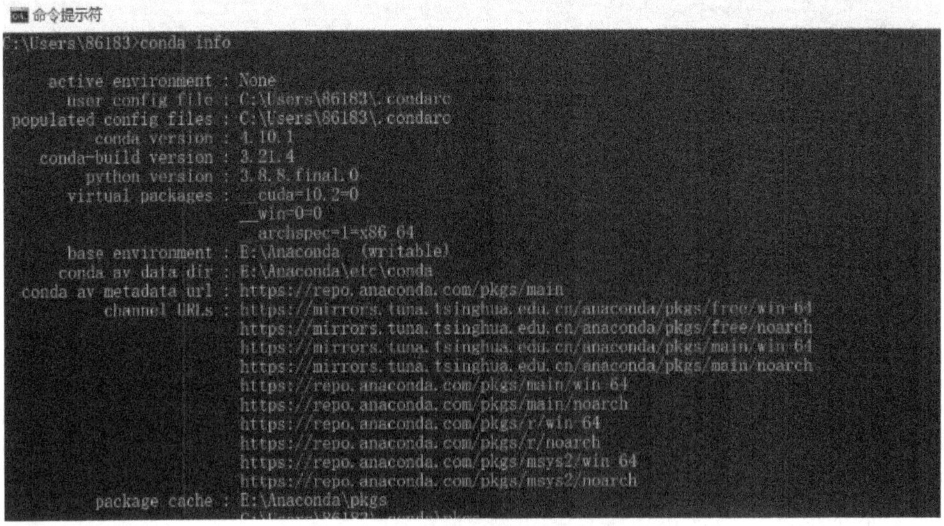

图 2.17　运行 conda info 命令后的结果

如果提示 conda 不是内部或外部命令，那么一般是 Anaconda 环境变量没配置好，需要重新检查一下。

按“Win”键，查看应用列表中有无“Anaconda Navigator(Anaconda)应用”，双击打开该应用，如图 2.18 所示。

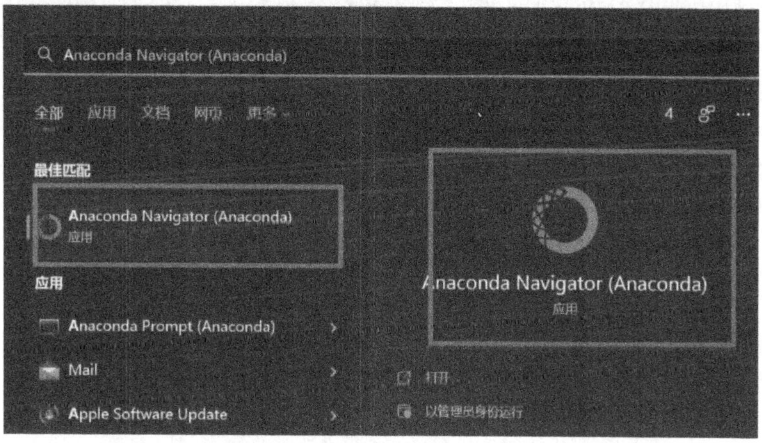

图 2.18　查看有无“Anaconda Navigator(Anaconda)应用”

Anaconda 安装配置完成，如图 2.19 所示。

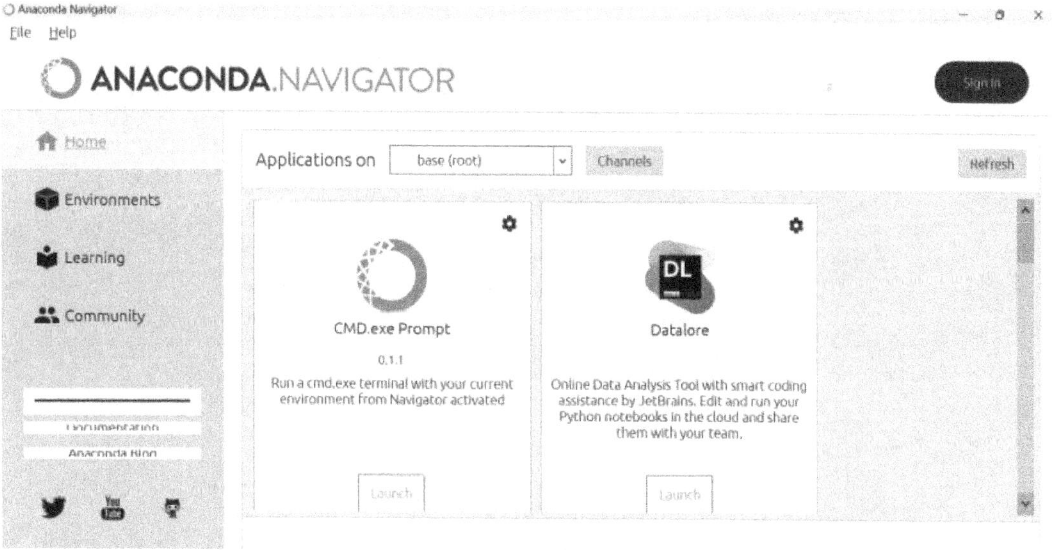

图 2.19　Anaconda 安装配置完成

2.1.2　安装 Flask

1. 安装 Python

选择 Python3.6 版本，从 Python 官网下载。

2. 安装 PyCharm 软件

PyCharm 软件从官网下载。如果是纯 Pyhton 开发，建议选择免费的社区版；如果是

Flask 开发,建议用专业版本。

3. 安装虚拟环境

(1)安装 virtualenv。virtualenv 是一个创建隔绝的 Python 环境的工具,其创建一个包含所有必要的可执行文件的文件夹,用来提供 Python 工程所需的包。

(2)安装 virtualenvwrapper。为便于对虚拟环境进行集中管理,virtualenvwrapper 提供了一系列命令,其所有的虚拟环境都放在一个地方。

Python 3.4 之后支持 venv 原生的虚拟环境配置(Python 3.3 的虚拟环境不支持 pip)。virtualenv 是一个虚拟的 Python 环境构建器。"pip install virtualenv" 和 "pip3 install virtualenv" 命令用于安装 virtualenv。这两个命令需要拥有管理员权限。Windows 用户以管理员身份登录,Python3 用户用 pip3 命令,Python2 用户用 pip 命令。

安装后,将在文件夹中创建新的虚拟环境。首先,创建目录 proj,进入新建的目录 proj: mkdir proj 和 cd proj。其次,创建新的虚拟环境 venv:virtualenv venv。

(3)Windows 进入虚拟环境。进入虚拟环境的 scripts 文件夹,执行 activate。一旦进入虚拟环境,安装的包、卸载的包只会影响当前环境,不会影响外面的环境。

(4)退出虚拟环境:deactivate。首先,确定 Python 3.6、PyCharm 已经安装成功。其次,创建一个文件夹,用于存放项目文件。下面先介绍不用 PyCharm 的方法创建虚拟环境。

进入 cmd 终端,如图 2.20 和图 2.21 所示。

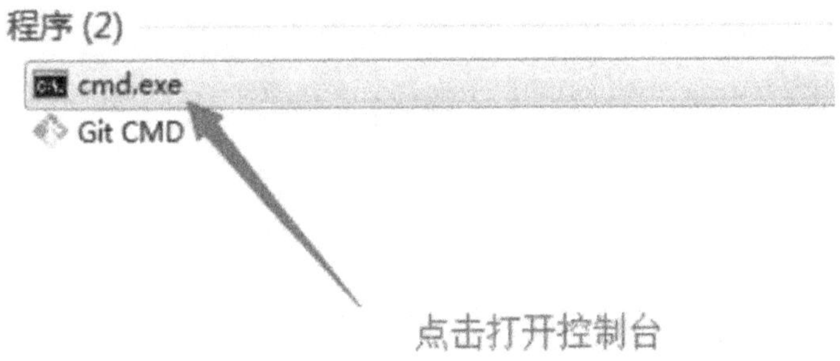

图 2.20 打开控制台

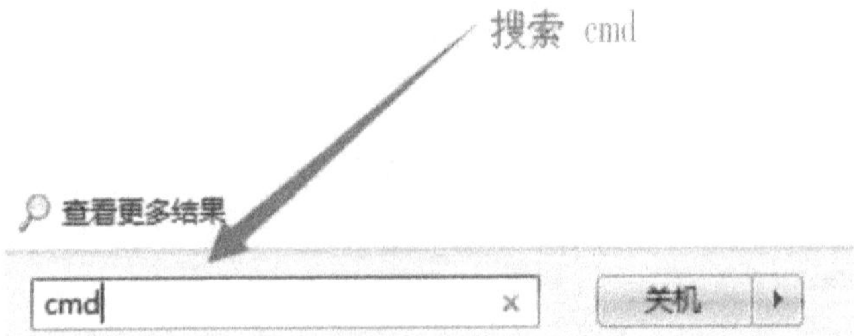

图 2.21 搜索"cmd"进入 cmd 终端

依次执行以下操作:切换路径到 D 盘、进入项目文件夹(flask_study)、创建 Python 虚拟环境、激活虚拟环境、安装 Flask 依赖包,如图 2.22 所示。

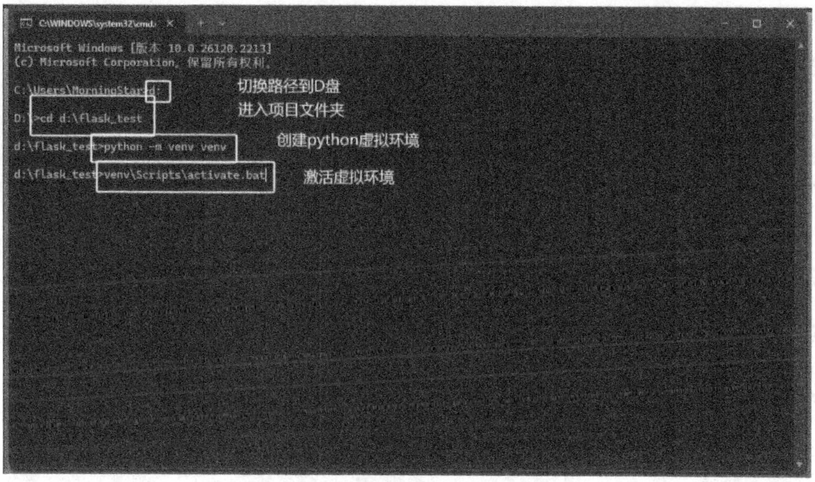

图 2.22（a） 安装 Flask 依赖包 1

图 2.22（b） 安装 Flask 依赖包 2

打开目录，查看 Flask 依赖包，如图 2.23 所示。

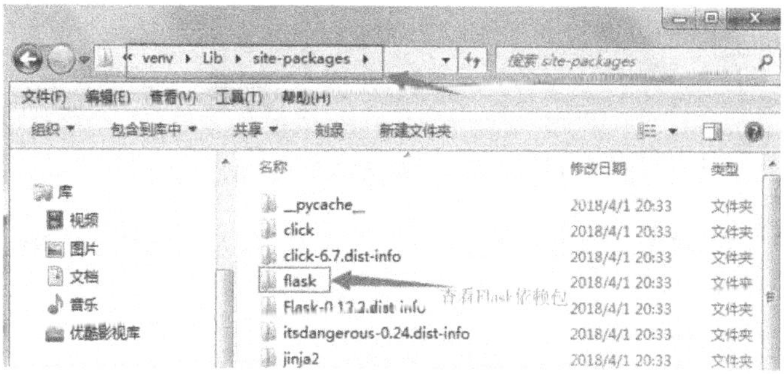

图 2.23　查看 Flask 依赖包

也可以在 cmd 中通过 pip3 list 查看安装过的依赖包。

注意：这里用的是 Windows 操作系统，其他操作系统的操作流程会有所不同；该电脑同时安装了 Python2、Python3 两个版本，如果只安装其中一个版本，应该默认选择 Python3。

4. 使用 PyCharm 创建新项目

查看当前已经安装的虚拟环境：

```
conda info --env
```

代码执行情况如图 2.24 所示。

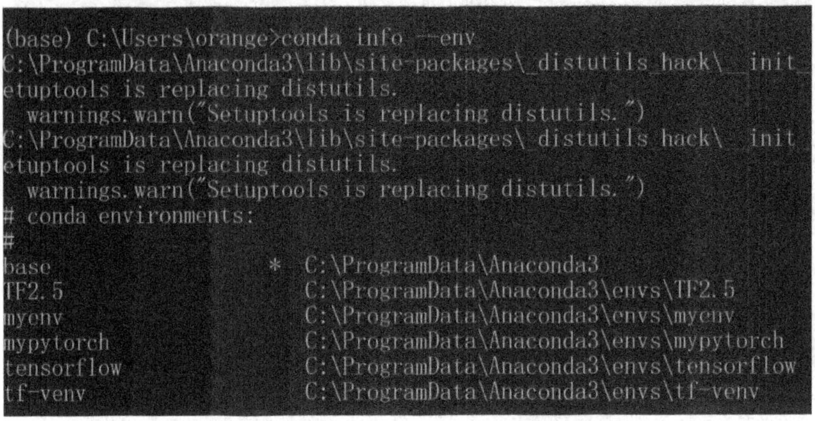

图 2.24 查看当前已经安装的虚拟环境

切换成 mypytorch 虚拟环境：

```
conda activate mypytorch
```

这样就可以在 PyCharm 中使用虚拟环境了，如图 2.25 所示。

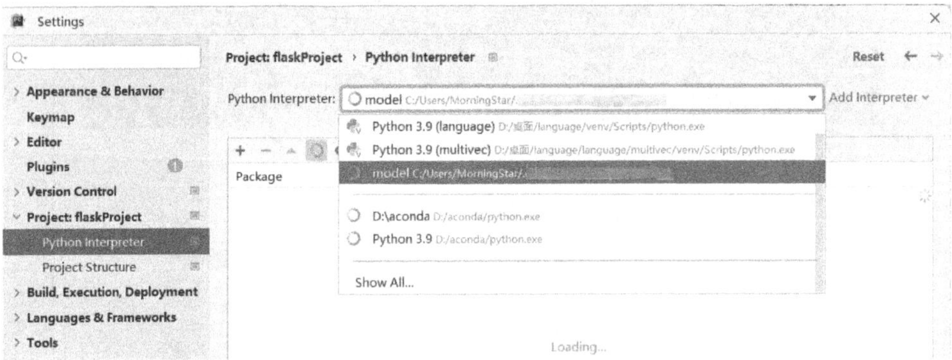

图 2.25 PyCharm 配置安装的虚拟环境

另一种简单直接的方法是通过 PyCharm 创建虚拟环境，如图 2.26 和图 2.27 所示。

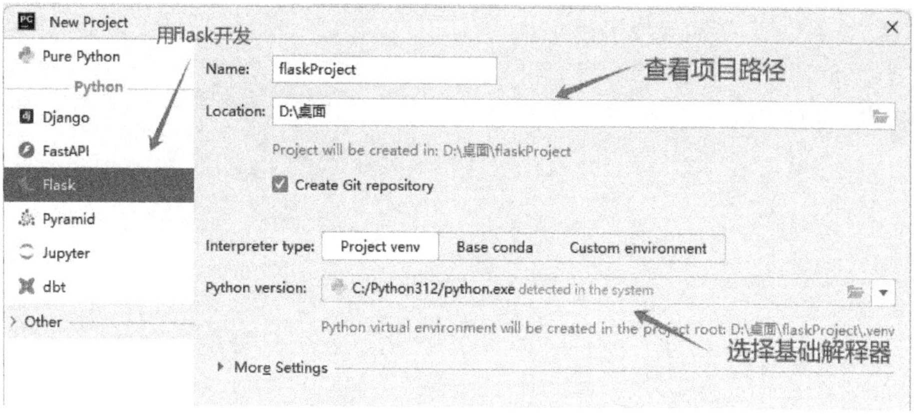

图 2.26　PyCharm 配置过程

图 2.27　PyCharm 配置 Templates

5. 测试 Flask 是否安装成功

为了测试 Flask 是否安装成功，在 PyCharm 编辑器中将以下代码输入 Hello.py 文件中，如图 2.28 所示。

```
1  from flask import Flask
2  app = Flask(__name__)
3
4  @app.route('/')
5  def hello_world():
6      return 'Hello World'
7  if __name__ == '__main__':
8      app.run()
```

图 2.28　测试 Flask 是否安装成功

其中，第一行代码“from flask import Flask”表示从 flask 中引入 Flask。第 2 行代码“app = Flask(__name__)”为创建一个对象实例，目的是把所有来自客户端的请求都转交给这个对象处理，“__name__”是指定参数。第 4 行代码“@app.route('/')”是 Python 修饰器，用于修饰下面的函数，其作用是把修饰的函数注册为路由，路由是指统一资源定位系统（URL）到 函数之间的映射关系。第 5 行代码“def hello_world():”是一个视图函数，返回字符串。第 7 行代码“if __name__ == '__main__':”用于判断，只有服务器直接执行 .py 脚本才会调用下面的“app.run()”。第 8 行代码“app.run()”为启动 Web 服务器，实际上服务器启动后，会进入轮询（监听端口），直到程序停止。

运行 Hello.py 程序时，在 edge 浏览器地址中输入“127.0.0.1:5000”，出现如图 2.29 所示的结果，说明 Flask 安装成功。

图 2.29　Flask 安装成功

6. 将 Flask 设置为 Debug 模式

Flask 脚本适用于启动本地的开发服务器，但每次更改代码后都必须手动重新启动它。在程序开发阶段，这种开发模式对程序员不太友好。而启用调试模式，服务器将在代码更改时重新加载自身，并且如果出现问题，它还会提供有用的调试器。

将 Flask 设置为 Debug 模式的步骤如下。

（1）设置环境变量。

set FLASK_ENV = debug

set FLASK_APP = Hello.py

set FLASK_DEBUG=1

（2）在 cmd 窗口下，输入“set”查看当前的环境变量，如图 2.30 所示。

```
FLASK_APP=Hello.py
FLASK_DEBUG=1
FLASK_ENV=debug
```

图 2.30　查看环境变量的结果

（3）在命令行中输入“flask run --debugger”，运行结果如图 2.31 所示，注意当前的目录下有 Hello.py 文件。

```
(base) C:\Users\orange>flask run --debugger
 * Serving Flask app "Hello.py" (lazy loading)
 * Environment: debug
 * Debug mode: on
 * Restarting with stat
 * Debugger is active!
 * Debugger PIN: 119-343-047
 * Running on http://127.0.0.1:5000/ (Press CTRL+C to quit)
```

图 2.31　输入“flask run --debugger”后的运行结果

（4）改变程序运行的端口号，在命令行中输入命令“flask run -h localhost -p 3000”，运行结果如图 2.32 所示。

```
(base) C:\Users\orange\myproj> flask run -h localhost -p 3000
 * Serving Flask app "Hello.py" (lazy loading)
 * Environment: debug
 * Debug mode: on
 * Restarting with stat
 * Debugger is active!
 * Debugger PIN: 119-343-047
 * Running on http://localhost:3000/ (Press CTRL+C to quit)
```

图 2.32　输入“flask run -h localhost -p 3000”后的运行结果

7. 命令行接口

在虚拟环境中安装 Flask 时会同时安装 Flask 脚本，这是一个 Click 命令行接口。在终端中执行 Flask 脚本可以操作内建的、扩展的和应用定义的命令。 可以使用 --help 参数查看更多关于命令的信息。

Flask 版本升级：

```
conda install flask=2.0
```

版本升级完成，用命令查询 Flask 的版本：

```
Flask --version
```

查看 Flask 版本的结果如图 2.33 所示。

```
(base) C:\Users\orange>FLASK --version
Python 3.7.0
Flask 2.0.3
Werkzeug 2.2.2

(base) C:\Users\orange>
```

图 2.33　查看 Flask 版本的结果

8. 探索应用

Flask 命令由 Flask 安装。 Flask 命令的 --app 参数用于指定如何载入应用。

9. 运行开发服务器

run 命令可以启动开发服务器，它在大多数情况下能替代 Flask.run() 方法。

```
flask --app hello run
 * Serving Flask app "hello"
 * Running on http://127.0.0.1:5000/ (Press CTRL+C to quit)
```

以上为开发版本，最新的稳定版本是 Flask 2.1.2。

10. 运行调试模式

在调试模式下，Flask run 命令会默认启用交互调试器和重载器，以便发现错误。使用 --debug 选项可以启用调试模式。

```
flask --app hello run --debug
 * Serving Flask app "hello"
 * Debug mode: on
 * Running on http://127.0.0.1:5000/ (Press CTRL+C to quit)
 * Restarting with inotify reloader
 * Debugger is active!
 * Debugger PIN: 223-456-919
```

--debug 选项可以在任何命令中被传递给顶层的 Flask 命令。以下两个命令的作用相同。

```
flask --app hello --debug run
flask --app hello run --debug
```

11. 打开一个 Shell

为了探索应用中的数据，可以用 Shell 命令开启一个交互 Python shell。这样，一个应用情境就被激活了，应用实例会被导入。

```
flask shell
Python 3.7.0 (default, Jun 28 2018, 08:04:48) [MSC v.191 2 64 bit (AMD64)] on win32
App: myproj.app [debug]
Instance: C:\Users\orange\instance
>>>
```

12. 通过 Dotenv 设置环境变量

Flask 支持使用环境变量为任何命令设置任何参数。变量的命名方式类似 FLASK_OPTION 或者 FLASK_COMMAND_OPTION，例如 FLASK_APP 或者 FLASK_RUN_PORT。

与其每次运行命令时传递参数或者环境变量，不如使用 Flask 的 Dotenv 支持功能自动设置环境变量。

如果已安装 python-dotenv，那么运行 Flask 命令就会根据 .env 和 .flaskenv 文件中定义的内容来设置环境变量。开发者也可以使用 --env-file 参数载入其他包含配置的文件。使用 Dotenv 文件可以避免手动设置 --app 或者 FLASK_APP，并且其使用环境类似于开发部署工作。

通过命令行设置的变量会重载 .env 中的变量，.env 中的变量会重载 .flaskenv 中的变量。.flaskenv 用于公共变量，如 FLASK_APP，而 .env 用于私有变量，并且不提交到储存库。

为了找到定位文件，将从运行 Flask 的文件夹开始向上扫描文件夹。这些文件只能由 Flask 命令或调用 run() 加载。如果想在生产环境加载这些文件，需要手动调用 load_dotenv()。

13. 设置命令参数

Click 被配置为根据环境变量为命令选项载入缺省值。变量使用 FLASK_COMMAND_OPTION 模式。例如，要为运行命令设置端口，不使用 flask run --port 8000 命令，而是使用以下命令。

```
> set FLASK_RUN_PORT=8000
> flask run
 * Running on http://127.0.0.1:8000/
```

这些命令可以被添加到.flaskenv 文件中，就像通过 FLASK_APP 来控制缺省命令选项一样。

2.2　集成开发环境（IDE）的选择

选择合适的集成开发环境（IDE）是生物信息学网站开发过程中至关重要的一步。一个好的 IDE 可以大幅提升开发效率，降低错误率，并提供强大的调试和版本控制功能。以下是在选择 IDE 时需要考虑的关键因素，以及几款生物信息学网站开发常用的 IDE。

2.2.1　考虑的关键因素

（1）语言支持。生物信息学网站开发通常涉及 Python、R、HTML、CSS、JavaScript 等多种语言。因此，选择一个支持多语言开发的 IDE 可以减少在不同工具间切换的麻烦。

（2）扩展性与插件。一个优秀的 IDE 应该支持各种插件，以便添加额外的功能，如代码格式化、代码片段、调试工具等。尤其是对生物信息学相关的库和框架的支持，比如 Flask、BioPython 等，能大大简化开发过程。

（3）调试功能。调试是开发过程中必不可少的环节。一个好的 IDE 应该具备强大的调试功能，包括断点设置、变量监视和逐步执行代码等，这有助于快速定位和解决问题。

（4）版本控制集成。生物信息学项目往往是多人协作的，因此版本控制（如 Git）的集成是必不可少的。选择一个与 Git 无缝集成的 IDE 便于进行代码提交、分支管理和冲突解决。

（5）用户界面与体验。开发者每天都会与 IDE 打交道，因此 IDE 的界面设计和用户体验也是需要考虑的重要因素。一个界面简洁、操作便捷的 IDE 能显著提升工作效率。

2.2.2　常用的 IDE

1.PyCharm

PyCharm 是一种非常流行的 Python IDE，尤其适合 Flask 等 Python 框架的开发。它提供了丰富的插件库，支持多种生物信息学工具和库。PyCharm 还具有强大的调试、自动补全和代码检查功能，非常适合处理复杂的生物信息学项目。

2.Visual Studio Code（VS Code）

VS Code 是一款轻量级且功能强大的代码编辑器，支持多种编程语言。它可以轻松扩展功能以适应生物信息学网站开发需求。VS Code 内置 Git 支持，并提供了丰富的调试工具，是最受开发者欢迎的代码编辑器之一。

3.RStudio

对于主要使用 R 语言的生物信息学网站开发者来说，RStudio 是最理想的选择。它专为 R 语言开发设计，支持 R 脚本、Shiny 应用、R Markdown 等，是进行统计分析和生物信息学研究的强大工具。

4.Atom

Atom 是一款开源的文本编辑器，由 GitHub 开发。它以其高度可定制性著称，拥有强大的社区支持。通过安装相关插件，Atom 可以轻松转换为一个功能强大的 IDE，支持 Python、HTML、CSS 等多种开发语言。

在选择 IDE 时，应根据项目的具体需求和个人的开发习惯进行选择。如果项目主要基于 Python 开发且依赖 Flask 框架，则 PyCharm 可能是最佳选择。如果需要多语言支持和强大的自定义功能，则 VS Code 是一个不错的选择。如果以 R 语言为主，则 RStudio 不可或缺。

总之，选择合适的 IDE 不仅能提高开发效率，还能减少开发过程中的各种不便，为生物信息学网站开发奠定坚实的基础。

2.3 版本控制

2.3.1 使用 Git 进行版本控制

Git 是一种分布式版本控制系统，广泛应用于软件开发项目，包括生物信息学网站的开发。使用 Git 可以有效地管理代码版本、协同开发，并记录项目的历史演变。以下是关于如何在开发过程中使用 Git 进行版本控制的详细介绍。

1. Git 的基本概念

（1）版本库（Repository）。版本库是 Git 管理的基本单位，存储了项目的所有文件及其变更历史。它可以在本地或远程服务器（如 GitHub、GitLab）上。

（2）提交（Commit）。提交是 Git 操作的核心，每次提交都记录了代码的变更，并附带一条描述这些变更的消息。每个提交都有一个唯一的 SHA-1 哈希值，用于标识和追溯。

（3）分支（Branch）。分支允许开发者在不影响主线代码的情况下，进行功能开发、实验或修复错误。分支可以随时创建、合并或删除。

（4）合并（Merge）。合并是将不同分支的代码合并到一起的操作。当多个开发者在不同分支上工作时，合并可以将所有变更整合到主分支上。

（5）冲突（Conflict）。当两个分支都修改了同一文件的同一部分时，合并时可能会产生冲突。Git 需要开发者手动解决这些冲突，确保最终代码的正确性。

2. Git 的安装与初始化

（1）安装 Git。可以通过命令行或安装包的形式安装 Git，具体步骤因操作系统而异。

（2）初始化版本库。在项目目录下运行 git init 命令可以初始化一个新的 Git 版本库，创建一个.git 文件夹，并开始对项目中的文件进行版本控制。

3. Git 的基本操作

（1）克隆远程库（Clone）。通过 git clone <repository_url> 可以将远程版本库复制到本地，方便协作开发。

（2）查看状态（Status）。使用 git status 命令可以查看当前工作目录的状态，包括哪些文件被修改、被暂存、未被跟踪等。

（3）添加更改（Add）。使用 git add <file> 命令可以将工作目录中的文件添加到暂存区，为提交做好准备。

（4）提交更改（Commit）。通过 git commit -m "commit message" 命令可以将暂存区的变更提交到本地版本库，并附上简短的说明信息。

（5）推送到远程库（Push）。使用 git push 命令可以将本地的提交推送到远程版本库，使得其他开发者可以访问这些更改。

（6）拉取远程更改（Pull）。通过 git pull 命令可以从远程版本库拉取最新的更改并与本地代码合并，保持代码的同步性。

4. Git 分支管理

（1）创建分支。使用 git branch <branch_name> 命令可以创建一个新的分支，分支通常用于开发新的功能或修复漏洞（Bug）。

（2）切换分支。通过 git checkout <branch_name> 命令可以切换到指定的分支工作。

（3）合并分支。使用 git merge <branch_name> 命令可以将指定分支的更改合并到当前分支中。

5. Git 的协作与工作流程

（1）复制（Fork）和拉取请求（Pull Request）。在开源项目中，开发者通常先把项目复制到自己的版本库中，开发后提交 Pull Request，将变更合并到主项目中。

（2）代码审查（Code Review）。在 Pull Request 提交后，开发者团队成员可以审查代码，确保代码质量和功能。

（3）持续集成（CI）。通过集成 Git 与 CI 工具（如 Jenkins、Travis CI），可以在每次提交后自动运行测试，确保新代码不会影响现有功能。

6. Git 的最佳实践

（1）小而频繁的提交。每次修改代码后，及时提交变更并附上有用的提交信息，可以更容易追踪和回滚变更。

（2）合理使用分支。主分支应保持稳定，功能开发或实验应在单独的分支上进行，完成后再合并到主分支。

（3）解决冲突。在合并分支时，如果出现冲突，应该尽快解决，以免影响其他开发者的工作。

使用 Git 进行版本控制可以极大提高生物信息学网站开发的效率和协作性。在项目开发过程中，遵循 Git 的最佳实践，有助于保持代码的可维护性和稳定性。

2.3.2　GitHub 或 GitLab 的使用

GitHub 和 GitLab 是两个应用广泛的基于 Git 的版本控制平台，它们不仅具有 Git 的核心功能，还为团队协作、代码审查、持续集成等开发环节提供了丰富的工具和功能。

1. 创建和管理代码库

（1）代码库（Repository）的创建。在 GitHub 或 GitLab 上，开发者需要创建一个新的代码库。代码库分为公开库（Public）和私有库（Private）两种，开发者可根据项目的需求选择。在 GitHub 或 GitLab 的用户界面中，点击“新建仓库”按钮，填写项目名称、描述，并选择仓库的可见性，即可创建代码库。

（2）克隆代码库。创建好代码库后，开发者可以使用 git clone <repository_url> 命令将远程代码库克隆到本地，这样就可以在本地进行开发工作了。

2. 分支管理与协作开发

（1）分支策略。在 GitHub 或 GitLab 上，分支策略通常用于管理开发流程。例如，可以使用 master 或 main 分支作为稳定的主分支，develop 分支用于集成最新的功能，功能分支（Feature Branches）则用于开发具体的功能模块。

（2）Pull Request 或 Merge Request。开发者在功能分支上完成开发后，可以在 GitHub 上发起 Pull Request（在 GitLab 中称为 Merge Request），将代码合并到主分支。其他团队成员可以通过代码审查（Code Review）功能对提交的代码进行检查，并在通过审查后进行合并。

3. 持续集成与自动化

（1）集成 CI/CD 管道。GitHub 和 GitLab 都支持 CI/CD（持续集成 / 持续部署）功能。开发者可以通过 GitHub Actions 或 GitLab CI 配置自动化脚本，当代码提交后可自动运行测试、部署代码。该功能对于生物信息学网站这种需要频繁更新和测试的项目尤为重要。

（2）保护分支与代码质量控制。为了保证主分支的稳定性，可以在 GitHub 或 GitLab 上配置分支保护规则，如强制 Pull Request 进行代码审查和 CI 测试。这样可以避免不稳定的代码被直接合并到主分支上。

4. 团队协作与管理

（1）团队权限管理。在 GitHub 和 GitLab 中，团队成员可以有不同的角色，如管理员、维护者、开发者等。不同的角色具有不同的操作权限，确保项目的安全性和有序性。

（2）问题跟踪与项目管理。GitHub 的 Issues 和 GitLab 的 Issues 可以用于跟踪项目中的问题和任务。开发者可以创建、分配、讨论和关闭这些问题，以确保项目进度和质量的可控性，同时结合看板工具（如 GitHub Projects 或 GitLab 的看板）还能直观地管理任务进展。

5. GitHub 和 GitLab 的差异与选择

（1）GitHub。GitHub 因其庞大的开发者社区和丰富的开源项目而闻名，特别适合开源项目的管理和展示。它还有 GitHub Actions 功能，方便配置 CI/CD 管道。

（2）GitLab。GitLab 在自托管、企业级功能和 CI/CD 管道集成方面更具优势，特别适合对可控性和定制化要求高的项目。GitLab 还提供更强大的权限控制功能和内置的 DevOps 工具。

6. GitHub 和 GitLab 的最佳实践

（1）保持代码库整洁。定期删除不再使用的分支，归档已完成的 Issues 和 Pull Requests，保持代码库的整洁和有序。

（2）撰写清晰的提交信息。每次提交代码时，撰写简洁且具有描述性的提交信息，便于后续追踪和理解代码。

（3）使用 README 和文档。在代码库的根目录下有一个详细的 README 文件，用于介绍项目的背景、安装和使用说明。对于复杂的生物信息学项目，还可以添加应用程序编程接口（API）文档、开发指南等，以便其他开发者快速上手。

使用 GitHub 或 GitLab 可以极大地提升生物信息学网站开发的效率和协作性，以便开发团队更好地管理项目进度，提高代码质量，促进团队协作。

第 3 章　网站后端开发技术 Flask

3.1　Flask 基础架构——WSGI 和 Werkzeug

3.1.1　WSGI

WSGI(Web Server Gateway Interface，Web 服务器网关接口),是 Python Web 应用开发中的一种标准接口。它定义了 Web 服务器与 Python Web 应用程序之间的通信方式,使得 Python Web 应用程序可以独立于 Web 服务器运行。WSGI 主要为 Python Web 框架和 Web 服务器提供统一的接口,解决不同 Web 框架与 Web 服务器之间的兼容性问题。

1. 核心概念

(1)WSGI 服务器:负责接收 HTTP 请求,调用 Python Web 应用程序,并返回响应。

(2)WSGI 应用程序:实现特定的业务逻辑,接收请求数据,并生成 HTTP 响应。

2. 工作流程

(1)请求处理:WSGI 服务器接收到来自客户端的 HTTP 请求。

(2)调用应用程序:Web 服务器通过 WSGI 将请求信息传递给 Python Web 应用程序。

(3)生成响应:应用程序处理请求后,生成 HTTP 响应并返回给 Web 服务器。

(4)响应发送:Web 服务器将响应发送回客户端。

WSGI 使得 Python 开发者可以在各种不同的服务器上运行相同的应用程序,增强了代码的可移植性和灵活性。

3.1.2　Werkzeug

Werkzeug 是一个 WSGI 工具包,由 Flask 的主要开发者 Armin Ronacher 创建。Werkzeug 的设计目的是为开发者提供一个简单而强大的工具集,用于构建 WSGI 兼容的 Web 应用程序和框架。它是 Flask 框架的核心部分之一,但 Werkzeug 本身可以独立使用。

1. 主要功能

(1)请求和响应对象。Werkzeug 封装了许多 Web 框架所需要的功能,可以轻松处理 HTTP 请求和响应。

(2)路由系统。它内置了一个强大的路由系统,支持 URL 映射和请求分发。

(3)调试工具。Werkzeug 包括一个强大的调试器,能够捕获和显示错误信息,帮助开发者快速定位问题。

(4)开发服务器。Werkzeug 自带一个开发服务器,支持自动重新加载和调试,适合在开发阶段使用。

2.Werkzeng 与 Flask 的关系

Flask 作为一个轻量级 Web 框架,将 Werkzeug 作为其底层 WSGI 工具包。Werkzeug 为

Flask 提供请求处理、路由、调试等核心功能。虽然 Werkzeug 在 Flask 框架中的应用最为广泛,但它也可以用于其他 Python Web 应用程序,甚至可以用于构建自定义的 Web 框架。

3.1.3 WSGI 与 Werkzeug 的协作

在一个典型的 Flask 应用中，WSGI 负责定义应用程序与服务器之间的接口；Werkzeug 则为开发者提供了丰富的工具集,用于处理请求和生成响应。通过这种协作关系,开发者可以专注于应用逻辑的实现,而无须关心底层通信细节。

3.1.4 总结

WSGI 作为 Python Web 开发的标准接口,极大地提升了应用程序的可移植性和兼容性；Werkzeug 则为开发者提供了构建 WSGI 应用的高效工具集。两者的结合,使得 Python Web 开发更加灵活、简洁和高效。无论是初学者还是资深开发者,都能从中受益。

3.2 创建一个 Flask 应用—— “Hello, World!” 应用程序

本小节将带领读者通过几个简单的步骤,创建并运行一个 Flask 应用程序。

3.2.1 创建项目目录和文件

首先,创建一个新的目录用于存放项目文件。其次,在该目录下创建一个名为“app.py”的 Python 文件,代码如下。

```bash
mkdir hello_flask
cd hello_flask
```

3.2.2 编写“Hello, World!”应用代码

在 app.py 文件中,编写如下代码。

```python
from flask import Flask

app = Flask(__name__)  # 创建 Flask 应用实例

    @app.route('/')
def hello_world():
    return 'Hello, World!'  # 定义路由和视图函数

if __name__ == '__main__':
    app.run(debug=True)  # 运行开发服务器
```

（1）导入 Flask 类：从 Flask 模块导入 Flask 类，这是创建 Flask 应用必不可少的步骤。

（2）创建 Flask 实例：app = Flask(__name__) 语句用于创建一个 Flask 应用实例，并将当前模块名称传递给它。

（3）定义路由和视图函数：@app.route('/') 装饰器将 URL 路径（根路径）与 hello_world() 函数关联起来。当访问该路径时，函数将返回字符串“Hello, World!”。

（4）启动服务器：app.run(debug=True) 语句用于启动 Flask 开发服务器，并开启调试模式。这使得应用在代码更新时自动重启，并在出现错误时提供详细的错误信息。

3.2.3　运行应用

保存文件后，终端将导航到项目目录，并运行以下命令，启动应用。

```bash
python app.py
```

此时，终端会显示如下信息。

```plaintext
* Running on http://127.0.0.1:5000/ (Press CTRL+C to quit)
```

打开浏览器，访问 http://127.0.0.1:5000/，将看到页面显示“Hello, World!”。

3.2.4　总结

通过创建“Hello, World!”应用程序，读者了解了 Flask 应用的基本结构和运行方式。这为后续开发更复杂的 Web 应用奠定了基础。

3.3　路由与视图

在 Flask 框架中，URL 路由和视图函数是构建 Web 应用程序的核心部分。URL 路由决定了当用户访问某个 URL 时，应该调用哪个视图函数来处理请求。而视图函数是实际处理请求并生成响应的函数。

3.3.1　URL 路由的定义

URL 路由是将一个 URL 路径与一个视图函数关联起来的过程。在 Flask 中，URL 路由通常使用装饰器 @app.route() 来定义。这个装饰器将一个特定的 URL 路径绑定到一个 Python 函数，使得当该路径被访问时，Flask 会调用对应的函数来处理请求。示例代码如下。

```Python
@app.route('/hello')
def hello():
    return 'Hello, Flask!'
```

在这个例子中，当用户访问“/hello”路径时，Flask 会调用 hello() 函数，并将其返回的字符串“Hello, Flask!”显示在浏览器中。

3.3.2 路由参数

Flask 支持在 URL 路径中定义动态参数。动态参数可以让开发者在同一个视图函数中处理不同的 URL。示例代码如下。

Python

```
@app.route('/user/<username>')
def show_user_profile(username):
    return f'User: {username}'
```

在这个例子中，<username> 是一个动态参数。当用户访问 /user/John 时，视图函数 show_user_profile 会被调用，并将“John”作为 username 参数传递给该函数。

也可以通过指定数据类型来限制动态参数的类型，代码如下。

Python

```
@app.route('/post/<int:post_id>')
def show_post(post_id):
    return f'Post {post_id}'
```

这里的 <int:post_id> 用于指定 post_id 必须是一个整数。

3.3.3 视图函数的编写

视图函数是处理请求并返回响应的函数。视图函数可以返回各种类型的响应，最常见的是返回一个字符串或 HTML 页面。示例代码如下。

Python

```
@app.route('/')
def index():
    return 'Welcome to the Flask Web Application!'
```

在这个示例中，当用户访问根路径“/”时，index 函数会被调用，并返回“Welcome to the Flask Web Application!”。

视图函数还可以返回其他类型的响应，比如重定向、JSON 数据等。示例代码如下。

Python

```
from flask import redirect, url_for, jsonify


@app.route('/redirect')
def go_to_google():
    return redirect('https://www.google.com')
```

```
@app.route('/json')
def get_json():
    return jsonify({'key': 'value', 'number': 42})
```

（1）redirect() 函数会重定向用户到指定的 URL。

（2）jsonify() 函数会将字典转换为 JSON 格式，并返回客户端。

3.3.4　总结

URL 路由和视图函数是 Flask 应用程序的基础。通过定义路由，开发者可以控制用户访问的路径，并通过视图函数处理这些请求并生成适当的响应。掌握 URL 路由和视图函数的使用方法后，学生能够构建复杂且功能丰富的 Web 应用程序。

3.4　模板与 Jinja2

3.4.1　Jinja2 简介

Jinja2 是一个现代的、设计优雅的模板引擎，应用于 Python 编程语言。它被 Flask 内置为默认的模板引擎，用于将数据动态地插入 HTML 文档中，生成动态网页。

（1）表达能力强：支持条件判断、循环、过滤器、自定义函数和宏等功能。

（2）安全性高：默认启用自动转义机制，防止跨站脚本（XSS）攻击。

（3）易于调试：提供了详细的错误报告和调试信息。

3.4.1.1　模板引擎在 Web 开发中的作用

模板引擎在 Web 开发中起着至关重要的作用，它使得网页的开发更加灵活和高效。主要功能如下。

1. 分离逻辑与表现

模板引擎将实现业务逻辑和设计用户界面的呈现分开。开发者可以专注于编写业务逻辑代码，而设计师可以独立地处理 HTML 和 CSS。这使得代码更易于维护和管理，减少了不同角色之间的冲突。

2. 动态内容生成

模板引擎可以将数据动态地插入 HTML 中，从而生成动态网页。例如，根据用户的输入或数据库中的数据生成个性化的网页内容。通过模板引擎，开发者可以在运行时创建复杂的 HTML 结构，无须手动拼接字符串。

3. 重用和继承

Jinja2 支持模板继承和模板包含，使得开发者可以创建可重用的模板组件。这种方式可以降低代码重复率，提高开发效率。例如，创建一个基础布局模板，其他页面都可以继承这个模板，并可根据自身需要定义各自特有的部分。

4. 安全性

模板引擎通过自动转义机制，防止常见的 Web 安全漏洞（如 XSS 攻击）。任何插入模板中的数据都会被自动转义,除非已明确标记为安全。这使得开发者可以更加专注于实现业务逻辑,而不必担心安全问题。

3.4.1.2 Flask 和 Jinja2 的整合

在 Flask 应用中, Jinja2 被无缝集成,用于处理 HTML 模板渲染。以下代码展示了如何在 Flask 中使用 Jinja2 模板引擎。

```python
Python
from flask import Flask, render_template

app = Flask(__name__)

@app.route('/')
def home():
    return render_template('index.html', title="Home Page", user="Alice")

if __name__ == '__main__':
    app.run(debug=True)
```

上面的示例中的 render_template 函数用于渲染 index.html 模板,并将 title 和 user 变量传递给模板。在模板文件 index.html 中,可以使用 Jinja2 语法来访问这些变量,示例代码如下。

```html
HTML
<!DOCTYPE html>
<html lang="en">
<head>
    <meta charset="UTF-8">
    <title>{{ title }}</title>
</head>
<body>
    <h1>Welcome, {{ user }}!</h1>
</body>
</html>
```

Flask 和 Jinja2 的结合使得 Web 开发变得更加简洁、高效和模块化。开发者可以快速创建动态、响应式的 Web 应用,同时确保代码的可维护性和安全性。

3.4.2 Jinja2 的基本概念

1. 模板

模板是包含占位符的文本文件,通常用于生成 HTML 页面。在 Jinja2 中,模板文件通常以.html 为扩展名,也可以是其他文本文件。模板包含静态文本和动态内容,动态内容用特定的模板语法表示。模板示例代码如下。

```html
HTML
<!DOCTYPE html>
<html lang="en">
<head>
    <meta charset="UTF-8">
    <title>{{ title }}</title>
</head>
<body>
    <h1>Welcome, {{ user }}!</h1>
    <p>Today is {{ date }}.</p>
</body>
</html>
```

2. 变量

变量用于在模板中插入动态数据，用双花括号 {{ }} 括起来，在渲染模板时，这些变量会被替换为实际的数据值。变量可以是任何类型的数据，包括字符串、数字、列表、字典等。变量示例代码如下。

```html
HTML
<p>Hello, {{ name }}!</p>
<p>Your age is {{ age }}.</p>
```

如果渲染时提供了 name 和 age 的值，这些占位符将被相应的数据替换。

3. 渲染

渲染是将模板和数据结合起来生成最终输出的过程。在 Flask 中，渲染模板通常通过 render_template 函数实现。渲染时，将模板文件与数据一起传递给 render_template 函数，render_template 函数会生成包含实际数据的 HTML 页面。渲染示例代码如下。

```python
Python
from flask import Flask, render_template
app = Flask(__name__)

@app.route('/')
def home():
    return render_template('template.html', title="Home Page", user="Alice", date="June
12, 2024")

if __name__ == '__main__':
    app.run(debug=True)
```

在这个示例中，Flask 应用的根路由调用 render_template 函数，将 template.html 模板与 title、user 和 date 变量一起传递。渲染过程将生成包含这些数据的 HTML 页面。

4. 表达式和过滤器

Jinja2 支持在模板中使用简单的表达式和过滤器进行数据操作。表达式允许对变量进行基本的运算和操作，过滤器用于对变量进行格式化或转换。

表达式示例代码如下。

```HTML
<p>2 + 2 = {{ 2 + 2 }}</p>
<p>Half of 10 is {{ 10 / 2 }}</p>
```

过滤器示例代码如下。

```HTML
<p>Uppercase: {{ name | upper }}</p>
<p>Formatted date: {{ date | date('Y-m-d') }}</p>
```

在这些示例中，表达式和过滤器使得模板的灵活性和功能性更强。

5. 控制结构

Jinja2 提供了丰富的控制结构，包括条件语句和循环语句，用于在模板中实现逻辑控制。

条件语句示例代码如下。

```HTML
{% if user %}
    <p>Hello, {{ user }}!</p>
{% else %}
    <p>Hello, Guest!</p>
{% endif %}
```

循环语句示例代码如下。

```HTML
<ul>
{% for item in items %}
    <li>{{ item }}</li>
{% endfor %}
</ul>
```

这些控制结构使得模板能够根据不同的条件和数据动态生成内容。

6. 注释

Jinja2 模板支持注释功能。注释用于在模板中添加不显示在最终渲染结果中的说明或备注。注释内容用 {# #} 括起来。

注释示例代码如下。

```html
HTML
{# This is a comment and will not be rendered #}
<p>{{ message }}</p>
```

注释在模板渲染时会被忽略，对最终输出结果没有影响。

Jinja2 模板引擎通过引入模板、变量、渲染、表达式和过滤器、控制结构、注释等基本概念，使得开发者能够轻松地创建动态、灵活和可维护的 Web 页面。了解和掌握这些基本概念是高效使用 Jinja2 进行 Web 开发的基础。

3.4.3　模板语法

3.4.3.1　变量

1. 变量的基本语法

在 Jinja2 模板中，变量使用双花括号 {{ }} 括起来，表示模板中的占位符。这些占位符会在模板渲染时被实际的数据值替换。变量可以是字符串、数字、列表、字典等各种类型的数据。变量的基本语法如下。

```html
HTML
{{ variable_name }}
```

2. 在模板中使用变量

假设在渲染模板时传递了一个字符串变量 user 和一个标题变量 title，示例如下。

模板文件 (template.html) 示例代码如下。

```html
HTML
<!DOCTYPE html>
<html lang="en">
<head>
    <meta charset="UTF-8">
    <title>{{ title }}</title>
</head>
<body>
    <h1>Welcome, {{ user }}!</h1>
</body>
</html>
```

Flask 视图函数示例代码如下。

```python
Python
from flask import Flask, render_template
```

```
app = Flask(__name__)

@app.route('/')
def home():
    return render_template('template.html', title="Home Page", user="Alice")

if __name__ == '__main__':
    app.run(debug=True)
```

在这个示例中，模板中的 {{ title }} 和 {{ user }} 占位符将被替换为 Home Page 和 Alice，生成的 HTML 如图 3.1 所示。

图 3.1　模板中渲染变量的效果

3. 变量的用法

（1）直接使用变量。

```
HTML
<p>Hello, {{ name }}!</p>
```

如果 name 的值是 Alice，渲染后的结果是：

```
HTML
<p>Hello, Alice!</p>
```

（2）访问对象属性。

```
HTML
<p>{{ user.name }}</p>
```

如果 user 是一个对象，且 name 属性的值是 Bob，渲染后的结果是：

```
HTML
<p>Bob</p>
```

（3）访问字典的键。

```
HTML
<p>{{ user[‘name’] }}</p>
```

如果 user 是一个字典，且 name 键的值是小明，渲染后的结果是：

```HTML
<p> 小明 </p>
```

（4）使用过滤器。

过滤器用于对变量的值进行变换，例如将字符串转换为大写。

```HTML
<p>{{ name | upper }}</p>
```

如果 name 的值是 alice，渲染后的结果是：

```HTML
<p>ALICE</p>
```

（5）使用 Jinja2 渲染模板。

以下是一个简单的 Python 示例，展示如何使用 Jinja2 渲染模板。

```HTML
from jinja2 import Template

# 定义模板
template_string = """
<!DOCTYPE html>
<html>
<head>
    <title>{{ title }}</title>
</head>
<body>
    <h1>{{ heading }}</h1>
    <p>{{ content }}</p>
    <p>Hello, {{ user.name }}!</p>
</body>
</html>
"""

# 创建模板对象
template = Template(template_string)

# 定义数据
data = {
```

```
        'title': 'My Page',
        'heading': 'Welcome',
        'content': 'This is a simple example.',
        'user': {
            'name': 'Alice'
        }
}

# 渲染模板
rendered_html = template.render(data)

# 输出渲染结果
print(rendered_html)
```

渲染后的 HTML 结果是：

```HTML
<!DOCTYPE html>
<html>
<head>
    <title>My Page</title>
</head>
<body>
    <h1>Welcome</h1>
    <p>This is a simple example.</p>
    <p>Hello, Alice!</p>
</body>
</html>
```

通过这种方式，模板中的变量会被实际的数据替代，实现了动态内容的生成。这是模板引擎处理变量的基本语法和用法。

3.4.3.2 过滤器

Jinja2 提供了一系列过滤器，用于对变量的值进行各种变换和处理。以下是一些常见的 Jinja2 过滤器及其用法。

（1）length：返回序列的长度。

```HTML
<p>{{ items | length }}</p>
```

如果 items 是一个列表 [1, 2, 3]，则渲染后的结果是：

HTML
```
<p>3</p>
```

(2)upper:将字符串转换为大写。

HTML
```
<p>{{ name | upper }}</p>
```

如果 name 的值是 alice,则渲染后的结果是:

HTML
```
<p>ALICE</p>
```

(3)lower:将字符串转换为小写。

HTML
```
<p>{{ name | lower }}</p>
```

如果 name 的值是 ALICE,则渲染后的结果是:

HTML
```
<p>alice</p>
```

(4)default:如果变量未定义或为 None,则返回默认值。

HTML
```
<p>{{ name | default('Unknown') }}</p>
```

如果 name 未定义或为 None,则渲染后的结果是:

HTML
```
<p>Unknown</p>
```

(5)replace:替换字符串中的子字符串。

HTML
```
<p>{{ description | replace('old', 'new') }}</p>
```

如果 description 的值是 old description,则渲染后的结果是:

HTML
```
<p>new description</p>
```

(6)title:将字符串中的每个单词的首字母都转换为大写。

HTML
```
<p>{{ name | title }}</p>
```

如果 name 的值是 john doe,则渲染后的结果是:

HTML

```
<p>John Doe</p>
```

（7）capitalize：将字符串的第一个字符转换为大写，其余字符转换为小写。

HTML

```
<p>{{ name | capitalize }}</p>
```

如果 name 的值是 join doe，则渲染后的结果是：

HTML

```
<p> John doe </p>
```

（8）trim：去除字符串两端的空白字符。

HTML

```
<p>{{ description | trim }}</p>
```

如果 description 的值是   some text   ，则渲染后的结果是：

HTML

```
<p>some text</p>
```

（9）join：将序列中的元素连接成字符串。

HTML

```
<p>{{ items | join(', ') }}</p>
```

如果 items 是一个列表 ['apple', 'banana', 'cherry']，则渲染后的结果是：

HTML

```
<p>apple, banana, cherry</p>
```

（10）reverse：反转序列的顺序。

HTML

```
<p>{{ items | reverse | join(', ') }}</p>
```

如果 items 是一个列表 ['apple', 'banana', 'cherry']，则渲染后的结果是：

HTML

```
<p>cherry, banana, apple</p>
```

以下是一个包含多个过滤器的示例。

Python

```
from jinja2 import Template
```

```
# 定义模板
template_string = """
<p>Length of items: {{ items | length }}</p>
<p>Upper case name: {{ name | upper }}</p>
<p>Lower case name: {{ name | lower }}</p>
<p>Default name: {{ name | default('Unknown') }}</p>
<p>Replaced description: {{ description | replace('old', 'new') }}</p>
<p>Title case name: {{ name | title }}</p>
<p>Capitalized name: {{ name | capitalize }}</p>
<p>Trimmed description: {{ description | trim }}</p>
<p>Joined items: {{ items | join(', ') }}</p>
<p>Reversed items: {{ items | reverse | join(', ') }}</p>
"""

# 创建模板对象
template = Template(template_string)

# 定义数据
data = {
    'items': ['apple', 'banana', 'cherry'],
    'name': 'john doe',
    'description': '    old description    ',
}

# 渲染模板
rendered_html = template.render(data)

# 输出渲染结果
print(rendered_html)
```

渲染后的结果是：

```HTML
<p>Length of items: 3</p>
<p>Upper case name: JOHN DOE</p>
<p>Lower case name: john doe</p>
<p>Default name: john doe</p>
<p>Replaced description:     new description    </p>
<p>Title case name: John Doe</p>
```

```
<p>Capitalized name: John doe</p>
<p>Trimmed description: old description</p>
<p>Joined items: apple, banana, cherry</p>
<p>Reversed items: cherry, banana, apple</p>
```

3.4.3.3 表达式

在 Jinja2 模板中，开发者可以对表达式进行简单的数据操作和逻辑判断，以便灵活地显示和处理数据。以下是一些常见的表达式及其用法。

1. 算术运算

```HTML
<p>Sum: {{ 5 + 3 }}</p>
<p>Difference: {{ 10 - 2 }}</p>
<p>Product: {{ 4 * 2 }}</p>
<p>Quotient: {{ 8 / 2 }}</p>
<p>Integer Quotient: {{ 8 // 3 }}</p>
<p>Remainder: {{ 8 % 3 }}</p>
<p>Power: {{ 2 ** 3 }}</p>
```

输出结果：

```HTML
<p>Sum: 8</p>
<p>Difference: 8</p>
<p>Product: 8</p>
<p>Quotient: 4.0</p>
<p>Integer Quotient: 2</p>
<p>Remainder: 2</p>
<p>Power: 8</p>
```

2. 比较运算

```HTML
<p>{{ 5 > 3 }}</p>   <!-- True -->
<p>{{ 5 < 3 }}</p>   <!-- False -->
<p>{{ 5 == 5 }}</p> <!-- True -->
<p>{{ 5 != 3 }}</p> <!-- True -->
<p>{{ 5 >= 3 }}</p> <!-- True -->
<p>{{ 5 <= 3 }}</p> <!-- False -->
```

3. 逻辑运算

```HTML
<p>{{ True and False }}</p> <!-- False -->
<p>{{ True or False }}</p>   <!-- True -->
<p>{{ not True }}</p>             <!-- False -->
```

4. 成员运算

```HTML
<p>{{ 'a' in 'apple' }}</p> <!-- True -->
<p>{{ 1 in [1, 2, 3] }}</p> <!-- True -->
<p>{{ 'key' in {'key': 'value'} }}</p> <!-- True -->
```

5. 条件判断

Jinja2 支持在模板中使用条件语句来进行分支逻辑操作，示例代码如下。

```HTML
{% if user.is_authenticated %}
    <p>Welcome, {{ user.name }}!</p>
{% else %}
    <p>Please log in.</p>
{% endif %}
```

6. 循环

Jinja2 支持在模板中使用循环来遍历序列，示例代码如下。

```HTML
<ul>
{% for item in items %}
    <li>{{ item }}</li>
{% endfor %}
</ul>
```

7. 组合示例

综合使用表达式、条件和循环的示例代码如下。

```Python
from jinja2 import Template

# 定义模板
```

```
template_string = """
<p>Sum: {{ 5 + 3 }}</p>
<p>Product: {{ 4 * 2 }}</p>

<p>{{ 5 > 3 }}</p> <!-- True -->
<p>{{ 5 == 5 }}</p> <!-- True -->

{% if user.is_authenticated %}
    <p>Welcome, {{ user.name }}!</p>
{% else %}
    <p>Please log in.</p>
{% endif %}

<ul>
{% for item in items %}
    <li>{{ item }}</li>
{% endfor %}
</ul>
"""

# 创建模板对象
template = Template(template_string)

# 定义数据
data = {
    'user': {
        'is_authenticated': True,
        'name': 'Alice'
    },
    'items': ['apple', 'banana', 'cherry']
}

# 渲染模板
rendered_html = template.render(data)

# 输出渲染结果
print(rendered_html)
```

渲染后的结果是：

```HTML
<p>Sum: 8</p>
<p>Product: 8</p>

<p>True</p> <!-- True -->
<p>True</p> <!-- True -->

<p>Welcome, Alice!</p>

<ul>
    <li>apple</li>
    <li>banana</li>
    <li>cherry</li>
</ul>
```

Jinja2 表达式提供了丰富的功能，开发者可以在模板中进行各种数据操作和逻辑判断。这些表达式可以和条件语句、循环等控制结构结合使用，以满足不同的需求。

3.4.3.4　模板继承

模板继承是模板引擎（如 Jinja2）提供的一种功能，允许开发者定义一个基础模板（通常称为母版或基模板），而其他模板可以扩展这个基础模板。这种方法使得模板之间可以共享共同的布局和结构，避免重复编写代码，方便维护。

1. 模板继承的用途

（1）统一布局：使用基模板定义网站或应用的通用结构，如页眉、页脚和导航栏，并在各个子模板中继承和扩展基模板。这样可以确保所有页面的布局一致。

（2）代码复用：通过模板继承，将常见的页面元素（如头部、尾部、侧边栏等）集中到一个基模板中，各子模板可以根据需要定义特定部分的内容，减少代码重复。

（3）简化维护：当需要更新通用部分（如更改导航栏）时，只需修改基模板即可，所有继承该基模板的页面会自动更新，简化了维护工作。

2. 模板继承的好处

（1）提高效率：开发者可以专注于各个页面的特定部分，而不用重复定义通用结构，节省开发时间。

（2）增强一致性：通过统一的基模板，所有页面在结构和样式上可以保持一致，增强用户体验感。

（3）便于维护：集中管理通用部分，修改一次即可应用到所有相关页面，减少出错机会，降低维护成本。

3. 模板继承的基本用法

（1）定义基模板。

基模板通常包含页面的通用结构和一个或多个块（Block），这些块可以在子模板中被覆盖或扩展。

```html
<!-- base.html -->
<!DOCTYPE html>
<html>
<head>
    <title>{% block title %}My Website{% endblock %}</title>
</head>
<body>
    <header>
        <h1>My Website</h1>
        <nav>
            <!-- 导航菜单 -->
        </nav>
    </header>

    <div id="content">
        {% block content %}{% endblock %}
    </div>

    <footer>
        <p>&copy; 2024 My Website</p>
    </footer>
</body>
</html>
```

（2）继承基模板。

子模板通过 {% extends 'base.html' %} 指令继承基模板，并使用 {% block %} 指令定义或覆盖基模板中的块。

```html
<!-- page.html -->
{% extends ‘base.html’ %}

{% block title %}Home Page{% endblock %}

{% block content %}
<h2>Welcome to the Home Page</h2>
<p>This is the content of the home page.</p>
```

```
{% endblock %}
```

（3）渲染模板。

在渲染时，子模板将扩展基模板，并插入子模板中定义的内容，形成最终的 HTML 页面。使用 Jinja2 渲染模板的 Python 示例如下。

```Python
from jinja2 import Environment, FileSystemLoader

# 创建一个 Jinja2 环境，指定模板文件夹
env = Environment(loader=FileSystemLoader('templates'))

# 加载基模板和子模板
base_template = env.get_template('base.html')
page_template = env.get_template('page.html')

# 渲染子模板
rendered_html = page_template.render()

# 输出渲染结果
print(rendered_html)
```

假设 templates 文件夹中包含 base.html 和 page.html，运行上述代码会输出以下结果：

```HTML
<!DOCTYPE html>
<html>
<head>
    <title>Home Page</title>
</head>
<body>
    <header>
        <h1>My Website</h1>
        <nav>
            <!-- 导航菜单 -->
        </nav>
    </header>

    <div id="content">
        <h2>Welcome to the Home Page</h2>
```

```
        <p>This is the content of the home page.</p>
    </div>

    <footer>
        <p>&copy; 2024 My Website</p>
    </footer>
</body>
</html>
```

模板继承是一种强大的工具,通过定义基模板并让子模板继承,可以实现代码复用、统一布局和方便维护,提高开发效率和代码质量。

3.4.3.5　控制结构

1. if 语句

在模板中使用条件语句可以方便开发者根据不同的条件动态生成不同的内容。这对生成模板时的逻辑判断和内容的灵活显示非常有用。以下是在 Jinja2 模板中使用 if、elif 和 else 条件语句的示例。

假设有一个简单的用户信息字典,可根据用户的年龄显示不同的内容。示例代码如下。

(1)数据。

```python
user = {
    "name": "Alice",
    "age": 30,
    "membership": "premium"
}
```

(2)模板文件 template.html。

```html
<!DOCTYPE html>
<html>
<head>
    <title>User Information</title>
</head>
<body>
    <h1>Welcome, {{ user.name }}!</h1>

    {% if user.age < 18 %}
        <p>You are a minor.</p>
    {% elif user.age < 60 %}
```

```
        <p>You are an adult.</p>
    {% else %}
        <p>You are a senior.</p>
    {% endif %}

    {% if user.membership == "premium" %}
        <p>Thank you for being a premium member!</p>
    {% elif user.membership == "basic" %}
        <p>Consider upgrading to premium for more benefits.</p>
    {% else %}
        <p>Join our membership program to enjoy more benefits.</p>
    {% endif %}
</body>
</html>
```

（3）渲染模板的 Python 代码。

```
Python
from jinja2 import Environment, FileSystemLoader

# 加载模板文件
file_loader = FileSystemLoader('path/to/templates')
env = Environment(loader=file_loader)

# 获取模板
template = env.get_template('template.html')

# 渲染模板
output = template.render(user=user)

# 输出结果
print(output)
```

以上示例代码的解释如下。

（1）数据部分：有一个用户信息字典 user，包括用户的名字、年龄和会员等级等信息。

（2）模板文件：

①使用 {{ user.name }} 语句插入用户的名字；

②使用 {% if %}、{% elif %} 和 {% else %} 语句根据用户的年龄显示不同的内容；

③使用另一组 {% if %}、{% elif %} 和 {% else %} 语句根据用户的会员等级显示不同的消息。

（3）渲染模板的 Python 代码：

①使用 Jinja2 的 FileSystemLoader 和 Environment 加载模板文件；

②获取模板文件 template.html；

③使用 template.render(user=user) 渲染模板，传入用户数据；

④打印渲染后的输出结果。

通过上述方法，开发者可以在模板中灵活地使用 if 语句，并根据不同的条件动态生成内容。

2. for 语句

在 Jinja2 模板中，for 循环语句用来迭代列表或字典，生成动态内容。这在处理动态生成的表格、列表等内容时非常有用。以下是在模板中使用 for 语句的示例。

（1）数据。

```python
users = [
    {"name": "Alice", "age": 30, "membership": "premium"},
    {"name": "Bob", "age": 25, "membership": "basic"},
    {"name": "Charlie", "age": 35, "membership": "premium"}
]
```

（2）模板文件 template.html。

```html
<!DOCTYPE html>
<html>
<head>
    <title>User List</title>
</head>
<body>
    <h1>User List</h1>
    <ul>
        {% for user in users %}
            <li>
                <p>Name: {{ user.name }}</p>
                <p>Age: {{ user.age }}</p>
                <p>Membership: {{ user.membership }}</p>
            </li>
        {% endfor %}
    </ul>

    <h2>Premium Members</h2>
```

```
        <ul>
            {% for user in users if user.membership == "premium" %}
                <li>{{ user.name }}</li>
            {% endfor %}
        </ul>
    </body>
    </html>
```

（3）渲染模板的 Python 代码。

```Python
from jinja2 import Environment, FileSystemLoader

# 加载模板文件
file_loader = FileSystemLoader('path/to/templates')
env = Environment(loader=file_loader)

# 获取模板
template = env.get_template('template.html')

# 渲染模板
output = template.render(users=users)

# 输出结果
print(output)
```

以上示例代码的解释如下。

（1）数据部分：有一个用户信息列表 users，包括用户的名字、年龄和会员等级。

（2）模板文件：

①使用 {% for user in users %} 语句迭代用户列表；

②使用 {{ user.name }}、{{ user.age }} 和 {{ user.membership }} 语句插入每个用户的名字、年龄和会员等级。

③嵌套的 {% for user in users if user.membership == "premium" %} 语句仅迭代会员等级为 premium 的用户，并显示他们的名字。

（3）渲染模板的 Python 代码：

①使用 Jinja2 的 FileSystemLoader 和 Environment 加载模板文件；

②获取模板文件 template.html；

③使用 template.render(users=users) 语句渲染模板，传入用户数据；

④打印渲染后的输出结果。

通过这种方式，开发者可以在 Jinja2 模板中灵活地使用 for 语句迭代列表或字典，并根据数据动态生成内容。

3. macro 标签

在 Jinja2 模板中，宏（macro）标签用于定义可以重用的模板片段。这样可以避免重复编写代码，提升模板的可维护性和可读性。以下是定义和调用模板宏的示例。

（1）数据。

```
Python
users = [
    {"name": "Alice", "age": 30, "membership": "premium"},
    {"name": "Bob", "age": 25, "membership": "basic"},
    {"name": "Charlie", "age": 35, "membership": "premium"}
]
```

（2）模板文件 template.html。

```
HTML
<!DOCTYPE html>
<html>
<head>
    <title>User List</title>
</head>
<body>
    <h1>User List</h1>

    {% macro user_info(user) %}
        <li>
            <p>Name: {{ user.name }}</p>
            <p>Age: {{ user.age }}</p>
            <p>Membership: {{ user.membership }}</p>
        </li>
    {% endmacro %}

    <ul>
        {% for user in users %}
            {{ user_info(user) }}
        {% endfor %}
    </ul>
</body>
</html>
```

（3）渲染模板的 Python 代码。

```python
from jinja2 import Environment, FileSystemLoader

# 加载模板文件
file_loader = FileSystemLoader('path/to/templates')
env = Environment(loader=file_loader)

# 获取模板
template = env.get_template('template.html')

# 渲染模板
output = template.render(users=users)

# 输出结果
print(output)
```

以上示例代码的解释如下。

（1）数据部分：有一个用户信息列表 users，包括用户的名字、年龄和会员等级。

（2）模板文件：

①使用 {% macro user_info(user) %} 语句定义一个名为 user_info 的宏；

② user_info 宏接受一个参数 user，并生成一个包含用户信息的列表项；

③在模板中使用 {{ user_info(user) }} 语句调用宏并传入用户信息；

④使用 {% for user in users %} 语句迭代用户列表，并对每个用户调用 user_info 宏。

（3）渲染模板的 Python 代码：

①使用 Jinja2 的 FileSystemLoader 和 Environment 加载模板文件；

②获取模板文件 template.html；

③使用 template.render(users=users) 渲染模板，传入用户数据；

④打印渲染后的输出结果。

通过定义和调用宏，开发者可以在模板中重用模板片段，避免重复编写代码，提高模板的组织性和可维护性。

4. include 标签

使用 include 标签在模板中包含其他模板文件是实现模板模块化的一种有效方式。这有助于将模板分成多个独立的文件，使代码更加清晰和易于维护。以下是在模板中使用 include 标签的示例。

（1）数据。

```python
users = [
    {"name": "Alice", "age": 30, "membership": "premium"},
```

```
    {"name": "Bob", "age": 25, "membership": "basic"},
    {"name": "Charlie", "age": 35, "membership": "premium"}
]
```

（2）主模板文件 main_template.html。

```HTML
<!DOCTYPE html>
<html>
<head>
    <title>User List</title>
</head>
<body>
    <h1>User List</h1>
    <ul>
        {% for user in users %}
            {% include 'user_info.html' %}
        {% endfor %}
    </ul>
</body>
</html>
```

（3）子模板文件 user_info.html。

```HTML
<li>
    <p>Name: {{ user.name }}</p>
    <p>Age: {{ user.age }}</p>
    <p>Membership: {{ user.membership }}</p>
</li>
```

（4）渲染模板的 Python 代码。

```Python
from jinja2 import Environment, FileSystemLoader

# 加载模板文件
file_loader = FileSystemLoader('path/to/templates')
env = Environment(loader=file_loader)

# 获取主模板
template = env.get_template('main_template.html')
```

```
# 渲染模板
output = template.render(users=users)

# 输出结果
print(output)
```

以上示例代码的解释如下。

（1）数据部分：有一个用户信息列表 users，包括用户的名字、年龄和会员等级。

（2）主模板文件 main_template.html：

①定义了模板的基本结构，包括标题和用户列表的外部结构；

②使用 {% for user in users %} 语句迭代用户列表；

③使用 {% include 'user_info.html' %} 标签在每次迭代中包含 user_info.html 子模板。

（3）子模板文件 user_info.html：

①定义了显示用户信息的具体结构；

②使用 {{ user.name }}、{{ user.age }} 和 {{ user.membership }} 语句插入每个用户的名字、年龄和会员等级。

（4）渲染模板的 Python 代码：

①使用 Jinja2 的 FileSystemLoader 和 Environment 加载模板文件；

②获取主模板文件 main_template.html；

③使用 template.render(users=users) 渲染模板，传入用户数据；

④打印渲染后的输出结果。

通过这种方式，开发者可以使用 include 标签在模板中包含其他模板文件，实现模板的模块化，提高模板代码的组织性和可维护性。

3.4.3.6　静态文件和 URL 生成

1. 静态文件

在使用模板引擎（如 Jinja2）时，通常需要引用静态文件（如 CSS、JavaScript、图片）来丰富页面内容。为了确保静态文件可以正确加载，开发者会将它们放在一个专门的目录中，并在模板中正确引用它们。以下是在模板中引用静态文件的示例。

（1）项目结构。

```csharp
project/
├── templates/
│   ├── base.html
│   ├── index.html
├── static/
│   ├── css/
│   │   └── style.css
```

```
│     ├──── js/
│     │     └──── script.js
│     └──── images/
│           └──── logo.png
└──── app.py
```

（2）base.html 模板文件。

```HTML
<!DOCTYPE html>
<html>
<head>
    <title>{% block title %}My Website{% endblock %}</title>
    <link rel="stylesheet" type="text/css" href="{{ url_for('static', filename='css/style.css') }}">
    <script type="text/javascript" src="{{ url_for('static', filename='js/script.js') }}"></script>
</head>
<body>
    <header>
        <img src="{{ url_for('static', filename='images/logo.png') }}" alt="Logo">
    </header>
    <main>
        {% block content %}{% endblock %}
    </main>
</body>
</html>
```

（3）index.html 模板文件。

```HTML
{% extends 'base.html' %}

{% block title %}Home Page{% endblock %}

{% block content %}
    <h1>Welcome to the Home Page</h1>
    <p>This is a sample website.</p>
{% endblock %}
```

（4）app.py Flask 应用示例。

```Python
from flask import Flask, render_template

app = Flask(__name__)

@app.route('/')
def index():
    return render_templatc('indcx.html')

if __name__ == '__main__':
    app.run(debug=True)
```

以上示例代码的解释如下。

（1）项目结构：将模板文件放在 templates 目录中，静态文件（如 CSS、JS、图片）存放在 static 目录中，以便 Flask 应用能够正确找到这些文件。

（2）base.html 模板文件：

①使用 <link> 标签引入 CSS 文件，<script> 标签引入 JS 文件，<img> 标签引入图片；

②使用 Flask 提供的 url_for 函数生成静态文件的 URL。url_for('static', filename='path/to/file') 语句用于生成静态文件的正确 URL。

（3）index.html 模板文件：

①继承自 base.html，使用 {% extends 'base.html' %} 指令；

②覆盖 title 和 content 块，用于定义页面的标题和内容。

（4）app.py Flask 应用示例：创建一个 Flask 应用，并定义一个路由 /，渲染 index.html 模板。

注意事项如下。

（1）路径引用：确保在 url_for 函数中正确引用静态文件的路径。

（2）模板继承：通过模板继承，可以在基模板中统一定义静态文件的引用，简化子模板的代码。

通过这种方式，开发者可以在模板中正确引用静态文件（如 CSS、JS、图片），实现页面的样式和交互效果。

2. URL 生成

在 Web 应用中，使用硬编码的 URL 路径会导致维护困难，尤其是当路径发生变化时。Flask 提供的 url_for 函数可以生成动态 URL，以避免出现硬编码路径，从而使代码更加灵活和可维护。以下是在模板中使用 url_for 函数生成动态 URL 的示例。

（1）项目结构。

```csharp
project/
├── templates/
```

```
│      ├── base.html
│      ├── index.html
└── app.py
```

（2）app.py Flask 应用。

```python
from flask import Flask, render_template, url_for

app = Flask(__name__)

@app.route('/')
def index():
    return render_template('index.html')

@app.route('/user/<username>')
def profile(username):
    return f"User: {username}"

if __name__ == '__main__':
    app.run(debug=True)
```

（3）base.html 模板文件。

```html
<!DOCTYPE html>
<html>
<head>
    <title>{% block title %}My Website{% endblock %}</title>
</head>
<body>
    <nav>
        <ul>
            <li><a href="{{ url_for('index') }}">Home</a></li>
            <li><a href="{{ url_for('profile', username='Alice') }}">Alice's Profile</a></li>
            <li><a href="{{ url_for('profile', username='Bob') }}">Bob's Profile</a></li>
        </ul>
    </nav>
    <main>
```

```
            {% block content %}{% endblock %}
        </main>
    </body>
    </html>
```

（4）index.html 模板文件。

```HTML
{% extends 'base.html' %}

{% block title %}Home Page{% endblock %}

{% block content %}
    <h1>Welcome to the Home Page</h1>
    <p>This is a sample website.</p>
{% endblock %}
```

以上示例代码的解释如下。

（1）项目结构：包含模板文件 base.html 和 index.html，以及 Flask 应用的主脚本 app.py。

（2）app.py Flask 应用：

①定义了两个路由，即 / 用于主页，/user/<username> 用于用户个人资料页；

② index 函数渲染主页模板，profile 函数根据传入的用户名动态生成用户页面。

（3）base.html 模板文件：

①定义了导航菜单，使用 url_for 函数生成动态 URL；

② url_for('index') 生成主页的 URL，url_for('profile', username='Alice') 和 url_for('profile', username='Bob') 分别生成用户 Alice 和 Bob 的个人资料页面的 URL；

③使用 {% block title %} 和 {% block content %} 定义可以在子模板中扩展的块。

（4）index.html 模板文件：

①继承自 base.html，使用 {% extends 'base.html' %} 指令；

②覆盖 title 和 content 块，用于定义主页的标题和内容。

url_for 的优点如下。

（1）避免硬编码路径：使用 url_for 生成 URL，可以避免在代码中出现硬编码路径，当路由改变时，只需修改路由定义，所有引用此路由的地方都会自动更新。

（2）提高代码可读性和可维护性：动态生成 URL，使代码更加灵活和易于维护。

（3）支持命名参数：url_for 支持传递命名参数，可以生成包含动态部分的 URL。

通过使用 url_for 函数，开发者可以在模板中生成动态 URL，确保路径的正确性和灵活性，提高代码的可维护性。

3.4.3.7　模板的安全性

在 Web 开发中，防止 XSS 攻击是非常重要的。Jinja2 模板引擎默认启用了自动转义机制，可以防止 XSS 攻击。自动转义机制可以确保模板中输出的内容会被安全地编码，从而防止恶意代码的注入和执行。

1. 自动转义机制

当在 Jinja2 模板中使用双花括号({{ }})语法输出变量时，Jinja2 会自动对这些变量进行 HTML 转义。这意味着特殊字符(如 <、>、&、" 等)会被替换为它们对应的 HTML 实体(如 <、>、&、" 等),从而防止潜在的 XSS 攻击。以下是在模板中使用自动转义机制的示例。

(1)数据。

```python
data = {
    "username": "Alice",
    "comment": "<script>alert('XSS Attack!');</script>"
}
```

(2)模板文件 template.html。

```html
<!DOCTYPE html>
<html>
<head>
    <title>User Comment</title>
</head>
<body>
    <h1>Welcome, {{ username }}!</h1>
    <p>Comment: {{ comment }}</p>
</body>
</html>
```

(3)渲染模板的 Python 代码。

```python
from jinja2 import Environment, FileSystemLoader

# 加载模板文件
file_loader = FileSystemLoader('path/to/templates')
env = Environment(loader=file_loader)

# 获取模板
template = env.get_template('template.html')

# 渲染模板
```

```
output = template.render(username=data['username'], comment=data['comment'])

# 输出结果
print(output)
```

以上示例代码的解释如下。

（1）数据部分：包含一个用户评论，其中 comment 字段包含潜在的 XSS 攻击脚本。

（2）模板文件 template.html：

①使用 {{ username }} 和 {{ comment }} 语法插入用户名字和评论；

②由于自动转义机制，{{ comment }} 中的内容会被安全地编码，防止脚本执行。

（3）渲染模板的 Python 代码：

①使用 Jinja2 的 FileSystemLoader 和 Environment 加载模板文件；

②获取模板文件 template.html；

③使用 template.render(username=data['username'], comment=data['comment']) 语句渲染模板，传入用户数据；

④打印渲染后的输出结果。

渲染后的 HTML 输出结果如下。

```
HTML
<!DOCTYPE html>
<html>
<head>
    <title>User Comment</title>
</head>
<body>
    <h1>Welcome, Alice!</h1>
    <p>Comment: &lt;script&gt;alert(&#39;XSS Attack!&#39;);&lt;/script&gt;</p>
</body>
</html>
```

可以看到，<script> 标签被转义为 <script>，从而防止脚本的注入和执行。

2. 手动禁用转义

在某些特殊情况下，如果确定输出的内容是安全的，可以使用 |safe 过滤器手动禁用转义，示例代码如下。

```
HTML
<p>Comment: {{ comment | safe }}</p>
```

必须确保内容是安全的，才可以使用 |safe 过滤器，否则可能会引入 XSS 攻击。

Jinja2 的自动转义机制可以有效防止 XSS 攻击，提高 Web 应用的安全性。在默认情况下，Jinja2 会对所有输出内容进行转义，以确保潜在的恶意脚本不会被执行。只有在确定输出内容是安全的情况下，才可手动禁用转义。

3. 模板注入

模板注入攻击（Template Injection）是指攻击者通过在模板中注入恶意代码来执行不安全的操作。这种攻击可能导致敏感信息泄露、远程代码执行等严重安全问题。为了避免模板注入攻击，使用 Jinja2 模板引擎时应遵循以下原则。

（1）不要信任用户输入。

永远不要将用户输入在不做任何处理的情况下直接传递给模板。无论是通过 URL 参数、表单数据还是 HTTP 头部传递的数据，都应被视为不可信。

（2）使用自动转义。

Jinja2 默认启用了自动转义机制，可以防止大多数 XSS 攻击。开发者要确保模板文件以.html 结尾，以便 Jinja2 正确识别并使用自动转义。

（3）避免在模板中使用不安全的代码。

尽量避免在模板中使用能够执行代码的语法，如 Jinja2 的 {% set %} 和 {% call %} 等。模板应保持简单，仅用于显示数据，不要在模板中进行复杂的逻辑处理。

（4）使用白名单过滤器。

如果允许用户输入某些 HTML 标记，可以使用白名单过滤器，如 Bleach 库来清理和过滤输入。

```python
import bleach

safe_input = bleach.clean(user_input)
```

（5）使用模板继承和包含。

利用模板继承（{% extends %}）和包含（{% include %}）功能，可以将模板代码模块化、结构化，减少重复代码，降低出错率。

（6）设置模板加载器的搜索路径。

确保模板加载器的搜索路径仅包含可信的模板文件目录，防止加载未经授权的模板文件。

```python
from jinja2 import FileSystemLoader, Environment

env = Environment(loader=FileSystemLoader('path/to/templates'))
```

（7）使用安全的渲染函数。

确保在渲染模板时，只传递必要的数据，不要直接将请求对象传递给模板。

```python
from flask import Flask, render_template, request
```

```
app = Flask(__name__)

@app.route('/')
def index():
    username = request.args.get('username', 'Guest')
    return render_template('index.html', username=username)
```

（8）避免在模板中执行 Python 代码。

不要在模板中执行 Python 代码，避免使用诸如 eval 等不安全的方法。

（9）定期更新依赖。

保持 Jinja2 和其他依赖库为最新版本，确保修复已知的安全漏洞。

以下是安全处理用户输入并在模板中渲染的示例。

（1）项目结构。

```
csharp
project/
├── templates/
│   ├── base.html
│   ├── index.html
└── app.py
```

（2）app.py Flask 应用。

```
Python
from flask import Flask, render_template, request
import bleach

app = Flask(__name__)

@app.route('/')
def index():
    # 获取并清理用户输入
    username = request.args.get('username', 'Guest')
    username = bleach.clean(username)   # 使用 Bleach 清理用户输入

    # 渲染模板
    return render_template('index.html', username=username)

if __name__ == '__main__':
```

```
app.run(debug=True)
```

（3）base.html 模板文件。

```HTML
<!DOCTYPE html>
<html>
<head>
    <title>{% block title %}My Website{% endblock %}</title>
</head>
<body>
    <nav>
        <ul>
            <li><a href="{{ url_for('index') }}">Home</a></li>
        </ul>
    </nav>
    <main>
        {% block content %}{% endblock %}
    </main>
</body>
</html>
```

（4）index.html 模板文件。

```HTML
{% extends 'base.html' %}

{% block title %}Home Page{% endblock %}

{% block content %}
    <h1>Welcome, {{ username }}!</h1>
    <p>This is a sample website.</p>
{% endblock %}
```

遵循以上原则，可以有效防止模板注入攻击，提高 Web 应用的安全性。最重要的是不要信任用户输入，使用自动转义机制，并保持模板逻辑的简单。

3.4.3.8 高级主题

1. 自定义过滤器

Jinja2 允许开发者通过创建自定义过滤器来处理模板中的数据。这些自定义过滤器可以帮助开发者扩展 Jinja2 的功能，以及根据需求对数据进行特定的转换和处理。创建自定义过滤器的步骤如下。

（1）定义自定义过滤器：通过编写一个 Python 函数来实现过滤器的功能。

（2）注册自定义过滤器：将自定义过滤器注册到 Jinja2 环境中。

（3）在模板中使用自定义过滤器：在模板中使用自定义过滤器处理数据。

以下是创建自定义过滤器的示例。

（1）项目结构。

```csharp
project/
├── templates/
│   ├── index.html
└── app.py
```

（2）定义和注册自定义过滤器。

假设要创建一个自定义过滤器，将字符串转换为大写。app.py 文件代码如下。

```Python
from flask import Flask, render_template
from jinja2 import Environment, FileSystemLoader

app = Flask(__name__)

# 定义自定义过滤器
def to_uppercase(s):
    return s.upper()

# 将自定义过滤器注册到 Jinja2 环境
ef create_env():
    file_loader = FileSystemLoader('templates')
    env = Environment(loader=file_loader)
    env.filters['uppercase'] = to_uppercase
    return env

# 使用自定义环境渲染模板
@app.route('/')
def index():
    env = create_env()
    template = env.get_template('index.html')
    return template.render(name="Alice")

if __name__ == '__main__':
```

```
    app.run(debug=True)
```

(3)使用自定义过滤器。

在模板文件中使用自定义过滤器。index.html 文件代码如下。

```HTML
<!DOCTYPE html>
<html>
<head>
    <title>Custom Filter Example</title>
</head>
<body>
    <h1>Welcome, {{ name | uppercase }}!</h1>
</body>
</html>
```

以上示例代码的解释如下。

(1)定义自定义过滤器:在 app.py 中定义了一个名为 to_uppercase 的函数,该函数将输入的字符串转换为大写。

(2)注册自定义过滤器:

①在 create_env 函数中,将 to_uppercase 函数注册为 Jinja2 的自定义过滤器,命名为 uppercase;

②通过 env.filters['uppercase'] = to_uppercase 语句进行注册。

(3)使用自定义环境渲染模板:

①在 index 路由中,使用自定义的 Jinja2 环境来渲染模板;

②使用 env.get_template('index.html') 语句获取模板,并使用 template.render(name="Alice") 语句进行渲染。

(4)在模板中使用自定义过滤器:在 index.html 模板文件中,通过管道符号(|)使用自定义过滤器 uppercase 将变量 name 转换为大写。

当访问主页时,渲染的 HTML 内容如下。

```HTML
<!DOCTYPE html>
<html>
<head>
    <title>Custom Filter Example</title>
</head>
<body>
    <h1>Welcome, ALICE!</h1>
```

```
</body>
</html>
```

可以看到，name 变量被成功转换为大写并显示在页面上。

通过自定义过滤器，开发者可以扩展 Jinja2 模板的功能，并根据具体需求对模板中的数据进行处理。创建自定义过滤器的关键步骤包括定义过滤器函数、注册到 Jinja2 环境中，并在模板中使用自定义过滤器处理数据。

2. 自定义全局变量

在 Flask 应用中，除了使用 Jinja2 提供的默认变量和函数外，开发者还可以添加自定义的全局变量和函数，使它们在所有模板中可用。这可以通过 Flask 的 context_processor 装饰器来实现。添加自定义全局变量和函数的详细步骤如下。

（1）定义自定义全局变量和函数：编写需要在模板中使用的变量和函数。

（2）使用 context_processor 装饰器：将变量和函数添加到模板上下文中，使其在所有模板中可用。

以下为添加自定义全局变量和函数的示例。

（1）项目结构。

```csharp
project/
├── templates/
│   ├── index.html
└── app.py
```

（2）定义和注册全局变量和函数。app.py 文件代码如下。

```Python
from flask import Flask, render_template

app = Flask(__name__)

# 自定义全局变量和函数
def format_datetime(value, format='%Y-%m-%d %H:%M:%S'):
    return value.strftime(format)

@app.context_processor
def inject_globals():
    return {
        'company_name': 'My Awesome Company',
        'format_datetime': format_datetime
```

```
    }

@app.route('/')
def index():
    import datetime
    current_time = datetime.datetime.now()
    return render_template('index.html', current_time=current_time)

if __name__ == '__main__':
    app.run(debug=True)
```

（3）使用全局变量和函数。

在模板文件中使用自定义的全局变量和函数。index.html 文件代码如下。

```html
<!DOCTYPE html>
<html>
<head>
    <title>Global Variables and Functions Example</title>
</head>
<body>
    <h1>Welcome to {{ company_name }}!</h1>
    <p>Current Time: {{ format_datetime(current_time) }}</p>
</body>
</html>
```

以上示例代码的解释如下。

（1）定义自定义全局变量和函数：

①在 app.py 中定义了一个名为 format_datetime 的函数，该函数用于格式化时间；

②定义了一个名为 company_name 的全局变量，表示公司的名称。

（2）使用 context_processor 装饰器：

①使用 @app.context_processor 装饰器定义一个函数 inject_globals，该函数返回一个字典，包含全局变量和函数；

②在 inject_globals 函数返回的字典中，键为变量名或函数名，值为实际的变量或函数。

（3）在视图函数中传递数据：在 index 视图函数中，获取当前时间并传递给模板。

（4）在模板中使用全局变量和函数：

①在 index.html 模板文件中，通过 {{ company_name }} 引用全局变量 company_name；

②通过 {{ format_datetime(current_time) }} 引用并调用全局函数 format_datetime，格式

化当前时间。

当访问主页时,渲染的 HTML 内容如下。

```HTML
<!DOCTYPE html>
<html>
<head>
    <title>Global Variables and Functions Example</title>
</head>
<body>
    <h1>Welcome to My Awesome Company!</h1>
    <p>Current Time: 2024-06-14 15:23:45</p>
</body>
</html>
```

可以看到,全局变量 company_namc 和全局函数 format_datetime 成功应用于模板中,显示了公司名称和格式化后的当前时间。

通过使用 Flask 的 context_processor 装饰器,可以轻松地在应用中添加自定义的全局变量和函数,使它们在所有模板中可用。这有助于开发者在模板中共享通用数据和功能,提高代码的可维护性和重用性。

3. 模板调试

调试模板渲染过程是开发过程中非常重要的一环,特别是当模板未按预期显示或出现错误时。Jinja2 提供了一些功能和技巧用于排查渲染模板中出现的问题。以下是一些常用的模板调试技巧和方法。

(1)使用 {% debug %} 调试语句。

Jinja2 提供了一个内置的调试语句 {% debug %},它可以输出当前模板上下文的详细信息。开发者可以将它插入模板的任何地方,以查看当前可用的变量、上下文信息和其他信息。示例代码如下。

```HTML
<!DOCTYPE html>
<html>
<head>
    <title>Debug Example</title>
</head>
<body>
    <h1>Debug Example</h1>

    {% debug %}
```

```
    <!-- Rest of your template code -->
</body>
</html>
```

当模板渲染到 {% debug %} 位置时，将输出一个包含当前上下文信息的详细列表，包括可用的变量及其值。

（2）在视图函数中启用调试模式。

在开发环境中，可以通过将 Flask 应用的 app.debug 属性设置为 True 来启用调试模式。这可使 Jinja2 在渲染模板时提供更多的调试信息，例如错误追溯和语法问题。

```python
app = Flask(__name__)
app.debug = True
```

（3）检查控制台输出。

Flask 应用通常会将模板渲染的相关信息输出到控制台。检查控制台输出可以帮助开发者找到可能存在的语法错误、变量未定义或其他模板渲染问题。

（4）使用 pdb 调试器。

如果遇到复杂的问题，可以通过在模板或视图函数中使用 Python 标准库的 pdb 调试器来进行更深入的调试。在代码中插入 import pdb; pdb.set_trace() 语句可以在程序执行时暂停，并允许开发者逐行检查变量和执行流程。

（5）检查语法错误和变量定义。

开发者要确保模板中的语法是正确的，并且使用的所有变量在渲染时都已经定义或传递到模板中。Jinja2 对未定义的变量会抛出异常，这时候可以通过调试信息或控制台输出来检查问题所在。

通过上述方法和技巧，开发者可以更有效地调试 Jinja2 模板在渲染过程中出现的问题。合理利用 {% debug %} 语句、Flask 调试模式、控制台输出和 pdb 调试器，可以帮助开发者快速定位和解决模板渲染中出现的各种错误和异常。这些工具和方法对于提高开发效率和应用质量非常有帮助。

3.4.3.9 结语

Jinja2 是一个功能强大的模板引擎，广泛地应用于 Web 应用开发中，特别是与 Python Web 框架（如 Flask、Django 等）结合使用。它提供了丰富的功能和灵活的语法，用于动态生成 HTML、XML 等格式的文档。Jinja2 模板引擎的主要功能和用法总结如下。

1. 主要功能

（1）变量插值：使用双花括号 {{ }} 在模板中插入变量，Jinja2 会自动对变量进行转义，防止 XSS 攻击。

（2）控制结构：使用 {% %} 括起来的代码块，支持条件语句（if、elif、else）、循环语句（for、while）、宏定义等，使模板能够执行逻辑判断和重复操作。

（3）模板继承和包含：支持模板继承机制，通过 {% extends %} 指定父模板，子模板可以覆盖父模板的块；还可以使用 {% include %} 包含其他模板文件，实现模块化和重用。

（4）过滤器和函数：提供了丰富的内置过滤器（如字符串处理、日期格式化等），同时支持自定义过滤器和全局函数，用于对数据进行格式化、转换和处理。

（5）自动转义：默认开启自动转义功能，确保在模板中输出的内容是安全的，防止 XSS 攻击。

（6）调试支持：提供 {% debug %} 语句和调试模式，帮助开发者快速定位和解决模板渲染过程中出现的问题。

（7）静态文件支持：可以方便地引用静态文件（如 CSS、JS、图片等），通过 {{ url_for('static', filename='style.css') }} 生成静态文件的 URL，避免硬编码路径。

（8）环境配置：可以配置模板加载器、缓存选项、错误处理等，提高模板渲染的效率和可靠性。

2. 主要用法

（1）集成框架：与 Python Web 框架（如 Flask、Django）集成，作为视图层的模板引擎。

（2）数据展示：动态生成 HTML 页面，根据后端传递的数据渲染页面内容。

（3）模块化开发：通过模板继承和包含，实现页面结构的复用和组件化开发。

（4）安全性保障：利用自动转义机制和安全的数据处理机制，提高 Web 应用的安全性。

Jinja2 模板引擎通过其灵活的语法和丰富的功能，为开发者提供了强大的工具来构建动态和安全的 Web 应用。它不仅支持基本的变量插值和控制结构，还包括模板继承、自定义过滤器、调试支持等高级特性，使得模板的设计和开发更加高效和可维护。这些工具和方法可以大大提升 Web 应用开发的效率和质量。

3.5　静态文件

3.5.1　URL 传递参数

在 Web 应用开发中，通常通过 URL 传递参数（简称传参）。URL 传参主要有两种方式：路径传参和 GET 传参。下面分别介绍这两种方式在 Flask 应用中的使用方法。

3.5.1.1　路径传参

路径传参是通过 URL 路径的一部分来传参。Flask 提供了非常直观的方式来定义和获取路径参数。Flask 支持的路径参数类型包括字符串、整数、浮点数和 UUID（通用唯一识别码）。

1. 字符串类型参数

字符串是默认的路径参数类型，不需要特别的类型转换。示例代码如下。

```
Python
```

```python
from flask import Flask, render_template

app = Flask(__name__)

@app.route('/user/<username>')
```

```
def show_user_profile(username):
    return f"User: {username}"

if __name__ == '__main__':
    app.run(debug=True)
```

访问 URL：

```bash
http://localhost:5000/user/Alice
```

将显示：

```makefile
User: Alice
```

2. 整数类型参数

整数类型参数用 <int:parameter> 定义，Flask 会自动将路径中的参数转换为整数。示例代码如下。

```Python
@app.route('/post/<int:post_id>')
def show_post(post_id):
    return f"Post ID: {post_id}"

if __name__ == '__main__':
    app.run(debug=True)
```

访问 URL：

```
http://localhost:5000/post/123
```

将显示：

```
Post ID: 123
```

如果输入的不是整数类型（如 http://localhost:5000/post/abc），则 Flask 会返回“404”错误。

3. 浮点数类型参数

浮点数类型参数用 <float:parameter> 定义，Flask 会将路径中的参数转换为浮点数。示例代码如下。

```Python
@app.route('/price/<float:price>')
def show_price(price):
    return f"Price: {price}"
```

```
if __name__ == '__main__':
    app.run(debug=True)
```

访问 URL：

```
http://localhost:5000/price/19.99
```

将显示：

```
Price: 19.99
```

4. UUID 类型参数

UUID 类型参数用 <uuid:parameter> 定义，Flask 会将路径中的参数转换为 UUID 对象。示例代码如下。

```
Python
from uuid import UUID

@app.route('/item/<uuid:item_id>')
def show_item(item_id):
    return f"Item ID: {item_id}"

if __name__ == '__main__':
    app.run(debug=Truc)
```

访问 URL：

```
http://localhost:5000/item/550e8400-e29b-41d4-a716-446 655 440 000
```

将显示：

```
Item ID: 550e8400-e29b-41d4-a716-446 655 440 000
```

5. 多种类型参数结合使用

可以在一个路由中使用多种类型的路径参数，示例代码如下。

```
Python
@app.route('/product/<int:product_id>/price/<float:price>')
def show_product_price(product_id, price):
    return f"Product ID: {product_id}, Price: {price}"

if __name__ == '__main__':
    app.run(debug=True)
```

```
```

访问 URL：

```
http://localhost:5000/product/100/price/29.99
```

将显示：

```
Product ID: 100, Price: 29.99
```

使用各路径参数类型的注意事项如下。

（1）字符串类型（默认）：<username>，无须指定类型，适用于大多数普通文本参数。

（2）整数类型：<int:post_id>，确保参数为整数。

（3）浮点数类型：<float:price>，确保参数为浮点数。

（4）UUID 类型：<uuid:item_id>，确保参数为有效的 UUID 格式。

通过指定类型转换器，可以确保路径参数符合预期的类型，从而减少错误和提高代码的可靠性。Flask 的路径传参功能非常灵活，能够处理多种类型的参数，满足各种 Web 应用的需求。

以下为路径传参的示例。

（1）项目结构。

```csharp
project/
├── templates/
│   ├── user.html
└── app.py
```

（2）app.py 文件。

```Python
from flask import Flask, render_template

app = Flask(__name__)

# 路径传参示例
@app.route('/user/<username>')
def show_user_profile(username):
    # username 是通过 URL 路径传递的参数
    return render_template('user.html', username=username)

if __name__ == '__main__':
    app.run(debug=True)
```

（3）user.html 文件。

```HTML
<!DOCTYPE html>
<html>
<head>
    <title>User Profile</title>
</head>
<body>
    <h1>Welcome, {{ username }}!</h1>
</body>
</html>
```

以上示例代码的解释如下。

（1）路径定义：使用 <username> 在 URL 路径中定义一个变量 username。Flask 会将 URL 中的该部分解析为参数，并传递给对应的视图函数。

（2）视图函数：show_user_profile 函数接受 username 参数，并将其传递给模板进行渲染。

（3）模板：在模板 user.html 中使用 {{ username }} 来显示传递过来的用户名。

访问 URL：

```bash
http://localhost:5000/user/Alice
```

将显示：

```
Welcome, Alice!
```

3.5.1.2　GET 传参

GET 传参是通过 URL 查询字符串来传递参数的。查询字符串以？开始，并包含一个或多个键值对，用 & 分隔。

以下为 GET 传参示例。

（1）项目结构。

```csharp
project/
 ├── templates/
 │    ├── search.html
 └── app.py
```

（2）app.py 文件。

```Python
```

```
from flask import Flask, render_template, request

app = Flask(__name__)

# GET 传参示例
@app.route('/search')
def search():
    query = request.args.get('query', '')   # 获取查询参数 'query'
    return render_template('search.html', query=query)

if __name__ == '__main__':
    app.run(debug=True)
```

（3）search.html 文件。

```html
<!DOCTYPE html>
<html>
<head>
    <title>Search Results</title>
</head>
<body>
    <h1>Search Results for "{{ query }}"</h1>
</body>
</html>
```

以上示例代码的解释如下。

（1）视图函数：search 函数使用 request.args.get('query', '') 获取查询参数 query，如果参数不存在，则使用默认值 ''。

（2）模板：在模板 search.html 中使用 {{ query }} 显示查询的关键词。

访问 URL：

```bash
http://localhost:5000/search?query=flask
```

将显示：

```
Search Results for "flask"
```

路径传参和 GET 传参的注意事项如下。

（1）路径传参：定义在 URL 路径的一部分，用于识别资源或页面；适合用于标识具体资源（如用户、文章等）。

（2）GET 传参：使用查询字符串传递参数，用于筛选、搜索或过滤数据；适用于传递非必须参数，如搜索关键词、分页参数等。

GET 传参需使用 Flask 的 request.args 来获取参数（from flask import request）。request.args 是字典，也可以用 request.args['wd'] 来获取参数。示例代码如下。

```
@app.route('/list/')
def _list():
    wd = request.args.get('wd')
return 'list' + '/' + str(wd)
```

GET 传参静态网页渲染结果如图 3.2 所示。

图 3.2　GET 传参静态网页渲染

以上两种传参方式都有各自的特点，开发者可以根据具体需求进行选择。通过 Flask 框架，路径传参和 GET 传参都可以方便地获取并在模板中使用。

3.5.2　反转 URL

通过 url_for 函数可以实现视图函数到 URL 路径的转换，服务器可以利用这个路径实现视图函数的重定向。

执行流程及其运行结果如图 3.3 至图 3.6 所示。

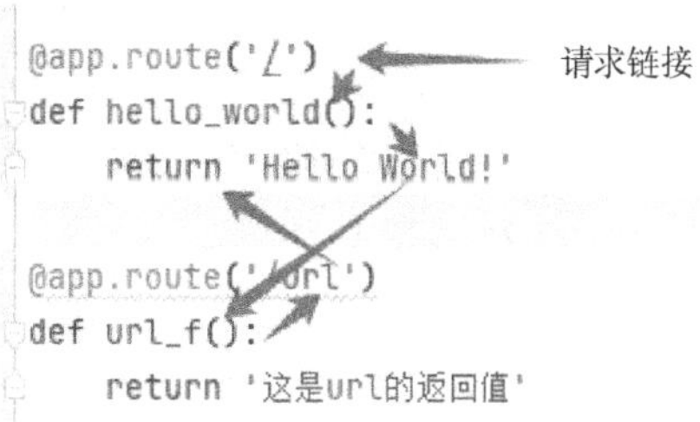

图 3.3　URL 执行顺序代码

图 3.4　URL 执行顺序运行结果

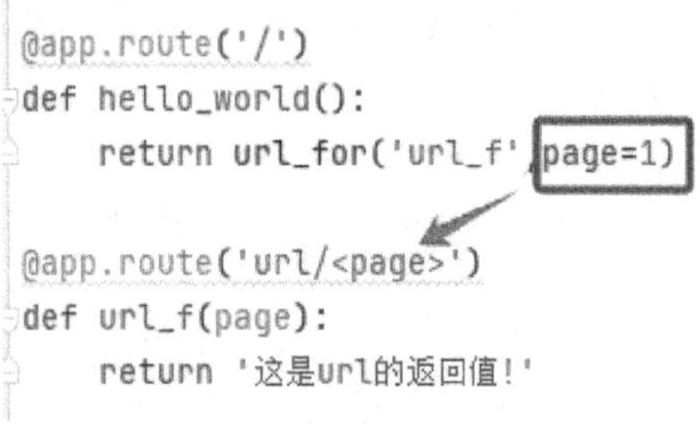

图 3.5 反转 URL 网页渲染代码

图 3.6 反转 URL 网页渲染运行结果

3.5.2.1 url_for 的使用

url_for( )方法用于为函数动态准备 URL,从而避免在应用程序中更改 URL。它接受视图函数的名称作为第一个参数,接受任何数量的关键字作为第二个参数发送(到视图函数)。

语法:url_for('<function_name>',<key>=<value>)。

1. 基本使用方法(不带参数)

使用格式为 url_for('函数名')。

示例代码如下。

Python
@app.route('/post/list/') def my_list(page): return 'my list'
Python
print(url_for('my_list')) # 在其他文件中使用 url_for 构建出来的是 url:/my_list/

2. 带参数的 url_for()

使用格式为 url_for('函数名',参数 1=×××,参数 2=×××)。

url_for 的第一个参数,是视图函数的名字的字符串,第二个参数是传递给 URL 的。如果传递的参数已经在 URL 中定义了,那么这个参数就会以 Path 的形式传递给 URL。如果这个参数没有在 URL 中定义过,那么将以查询字符串的形式被放到 URL 中。示例代码如下。

Python
@app.route('/post/list/<page>/') def my_list(page): return 'my list'

```
print(url_for('my_list',page=1,count=2))
# 构建出来的 url:/my_list/1/?count=2
```

3. 使用 url_for 的好处

（1）方便。如果对应路径发生变化而函数名没有改变（函数的返回随之改变），就不用修改 url_for 里面的函数名了。

（2）安全可靠。'url_for' 会自动处理特殊的字符，不需要手动处理。

例如：在 url = url_for('login',next='/') 中，'/' 是一个特殊字符，函数会自动将“/”编码，不需要手动处理。输出的 url=/login/?next=%2 F。

Web 应用程序主要由表示逻辑（HTML、CSS 等静态文件）和业务逻辑（Python 文件）组成。这些应用程序应该相互分离，以便于维护。任何 Web 应用程序都由许多 URL 组成，基于这些 URL，业务逻辑被传递给表示逻辑。Flask 中的 url_for( ) 函数用于动态构建 URL，其优点如下。

（1）url_for( ) 函数使 URL 重组变得简单。

（2）url_for( ) 函数生成的路径始终是绝对的。

（3）url_for( ) 函数能有效处理特殊字符的转义。

（4）url_for( ) 函数允许修改路径，并确保应用程序顺利运行。

3.5.2.2　在后端 / 业务逻辑端使用 url_for( ) 方法

一个提供体育信息的网络应用程序的实施步骤如下。

步骤 1：在 Python Flask 代码中，从 Flask 库导入 Flask 类和 render_template。

步骤 2：Flask 类用于创建 Flask 应用程序的实例，作为“app”。_name_magic 变量用于传递模块的路径，以帮助 Flask 找到模板和其他静态文件。

步骤 3：编写一个视图函数，命名为“欢迎”。Python 中的 view 函数返回一个 HTTP 响应。该功能以“app.route('/')”进行装饰。这个装饰器将传入的请求 URL 与视图函数相匹配。

步骤 4：像“localhost:5000/”这样的传入请求将被映射到视图函数 welcome( )。

步骤 5：welcome( ) 视图函数使用 Flask 库中的 render_template 返回名为“sportsmain.HTML”的 HTML 模板文件。此文件存于应用程序的“templates”文件夹的本地目录中。

步骤 6：创建一个简单的网页，代码如下所示。

步骤 7：在调试模式打开的情况下启动 Flask web 应用程序，以便定位应用程序中存在的错误。

```
# import the Flask library
from flask import Flask, render_template
# Create the Flask instance and pass the Flask
# constructor, the path of the correct module
app = Flask(__name__)
# Default route added using a decorator, for view function 'welcome'
# Landing page of our web application - sportsmain.html
@app.route('/')
```

```
def welcome():
    return render_template('sportsmain.html')
# Start with flask web app, with debug as True,
# only if this is the starting page
if(__name__ == "__main__"):
    app.run(debug=True)
```

登录页 sportsmain.html 的代码如下。

```
<!DOCTYPE html>
<html lang="en">
<head>
    <meta charset="UTF-8">
    <title>Sports</title>
</head>
<body>
<h1> Encouragement for sports!</h1>
<h2>Why are sports important?</h2>
<ul>Let us understand -
    <li>Helps in    Mental & Physical toughness</li>
    <li>Helps in developing Self Confidence & Team Spirit</li>
    <li>Teaches you how to organize your time!</li>
</ul>
</body>
</html>
```

注意:在项目目录中添加一个名为“templates”的单独文件夹,并确保“sportsmain.html”文件与其他 HTML 文件一起存在于 templates 文件夹中。对于本例,应提供的文件包括 sportsmain.html、cricket.html、baseball.html、carrom.html。

启动应用程序时,终端显示的消息如图 3.7 所示。

```
 * Serving Flask app 'app.py'
 * Debug mode: off
WARNING: This is a development server. Do not use it in a production deployment. Use a production WSGI server instead.
 * Running on http://127.0.0.1:5000
Press CTRL+C to quit
127.0.0.1 - - [20/Feb/2025 17:11:28] "GET / HTTP/1.1" 200 -
127.0.0.1 - - [20/Feb/2025 17:11:29] "GET /favicon.ico HTTP/1.1" 404 -
```

图 3.7 url_for 使用案例显示结果

当在浏览器中打开 URL localhost:5000/ 时,视图函数 welcome( )会呈现“sportsmain.html”文件。输出结果如图 3.8 所示。

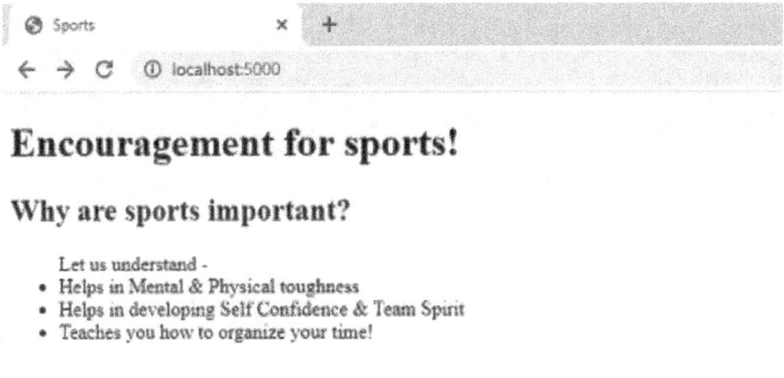

图 3.8　url_for 使用案例网页

假设，在应用程序中添加另一个链接，如“localhost:5000/sport/<name>/<team>”。这里的 <name> 变量可以是 cricket、balball 和 carrom。<team> 变量表示最喜欢的团队。下面在“模板”文件夹中添加相应的 HTML 文件。

cricket.html 代码如下。

```
HTML
<!DOCTYPE html>
<html lang="en">
<head>
    <meta charset="UTF-8">
    <title>Cricket</title>
</head>
<body>
<p>
  Cricket is played by two teams of 11, with one
  side taking a turn to bat a ball and score runs,
  <br>
  while the other team will bowl and field the
  ball to restrict the opposition from scoring.
  <br>
  The main objective in cricket is to score as many
  runs as possible against the opponent.
</p>
<h2>
    Brilliant Cricket Facts
</h2>
<ul>
    <li>The first cricket ball was made
      of wool. ...</li>
```

```
    <li>Cricket bats are made from white
      willow. ...</li>
    <li>The longest cricket match was
14  days long. ...</li>
    <li>A century is when a batsman scores 100
      runs without being bowled out. ...</li>
    <li>England's youngest cricketer was
      just 17 years old.</li>
</ul>
<br>
<h3>Ooo your favourite team is {{fav}} !!</h3>
</body>
</html>
```

carrom.html 代码如下。

HTML

```
<!DOCTYPE html>
<html lang="en">
<head>
    <meta charset="UTF-8">
    <title>Carrom</title>
</head>
<body>
<p>Carrom is a tabletop game which resembles snooker
  or billiards, and the more modern games of subbuteo
  and air hockey.
  <br>
  The game of Carrom is played by
  propelling discs and potting them into the four
  corner pockets on a wooden playing board. Some
  variations use small cues but most
  Carrom is played by hand
</p>
<h2>Facts about Carrom</h2>
<ul>
    <li>Invented in India</li>
    <li>In Patiala, India, there is a carrom board
      that has a surface made of glass.</li>
```

```
        <li>Maria Irudayam is a Chennai-based carrom
          player who has won the World Championship twice
          and the National Championship of India nine times.</li>
        <li>As of now, the carrom game is not a part
          of the Olympics or the Commonwealth Games.</li>
</ul>
<h3>Ooo your favourite team is {{fav}} !!</h3>
</body>
</html>
```

baseball.html 代码如下。

```HTML
<!DOCTYPE html>
<html lang="en">
<head>
        <meta charset="UTF-8">
        <title>Baseball</title>
</head>
<body>
<p>The goal of the game is to score more points
   (runs) than the other team. <br>The players
   on the team at bat attempt to score runs by
   touching all four bases,
   in order, set at the corners of the
   square shaped baseball diamond.
</p>
<h2>
        Brilliant Baseball Facts
</h2>
<ul>
        <li>The First MLB Team Was the Cincinnati
          Red Stockings. ...</li>
        <li>Jackie Robinson Was the First Black
          Major League Player. ...</li>
        <li>Two Players Played in the MLB for
27      Seasons. ...</li>
        <li>Edwin Jackson Played For the Most
          MLB Teams. ...</li>
```

```
        <li>John William Lindsey Spent the Most
            Time in the Minors.</li>
</ul>
<h3>Ooo your favourite team is {{fav}} !!</h3>
</body>
</html>
```

现在,包含“localhost:5000/sport/<name>/<team>”的 URL 链接都将映射到视图函数,其装饰器为 app.route('/sport/<name>/<team>')。可以根据 URL 中的“name”值来决定要调用哪个 Sport HTML 页面(cricket/balled/carrom)来渲染上述所有网页的 Python 代码。

```
# import the Flask library
from flask import Flask, redirect, url_for, render_template, request
# Create the Flask instance and pass the Flask
# constructor the path of the correct module
app = Flask(__name__)
# Default route added using a decorator for view
# function 'welcome' Landing page of our web application
@app.route('/')
def welcome():
    return render_template('sportsmain.html')
  # View function for URL 'localhost:5000/sport/cricket/india'
@app.route('/cricket/<favteam>')
def cricket(favteam):
    return render_template('cricket.html', fav=favteam)
  # View function for URL 'localhost:5000/sport/baseball/india'
@app.route('/baseball/<favteam>')
def baseball(favteam):
    return render_template('baseball.html', fav=favteam)
  # View function for URL 'localhost:5000/sport/carrom/india'
@app.route('/carrom/<favteam>')
def carrom(favteam):
    return render_template('carrom.html', fav=favteam)
# Logic to decide which template file to call based on 'name' variable
# The 'team' variable will be passed to the appropriate view function
# url_for method here calls the appropriate view function and
# passes the parameter required
@app.route('/sport/<name>/<team>')
def game(name, team):
```

```
        # If sport is cricket call the view function for
        # same and pass team name
        if name == 'cricket':
            return redirect(url_for('cricket', favteam=team))
        elif name == 'baseball':
          # If sport is baseball call the view function for
          # same and pass team name
            return redirect(url_for('baseball', favteam=team))
          # If sport is carrom call the view function for
          # same and pass team name
        elif name == 'carrom':
            return redirect(url_for('carrom', favteam=team))
          # If any other sport is mentioned return the
          # 'workinprogress' webpage
        else:
          # IF the game page is not present return
          # 'workinprogress.html' page
            return render_template('workinprogress.html',
                                            sportname=name)
# Start with flask web app with debug as True only
# if this is the starting page
if(__name__ == "__main__"):
        app.run(debug=True)
```

以上代码的说明如下。

（1）视图函数“game( )”被映射到以下 URL：

“localhost:5000/sport/black/india”；

“localhost:5000/sport/carrom/india”；

“localhost:5000/sport/backball/india”；

“localhost:5000/sport/hockey/india”。

（2）基于以上 URL，if-elif 条件将调用视图函数 cricket( )、baseball( )或 carrom( )。

（3）url_for( )helper 函数允许根据 URL 数据动态修改链接。

（4）'team' 变量作为参数传递给 url_for( )方法中的相应游戏视图函数，然后调用相应的模板，绕过最喜欢的团队的值。模板是 HTML 文件，位于“templates”文件夹中。

注意，本例中使用了 Flask Jinja2 模板，将最喜欢的球队和运动名称的值从视图函数传递到 HTML 文件。在某些情况下，如果提到其他运动名称，将返回一个错误网页。因此，在这里使用 url_for( )方法来处理后端的 URL 构建逻辑。

3.5.2.3 不同 URL 的输出

1.URL“localhost:5000/sport/black/India”

通过传递 URL“localhost:5000/sport/black/India”来执行应用程序。url_for( )方法将调用视图函数 cricket( )。浏览器输出如图 3.9 所示。

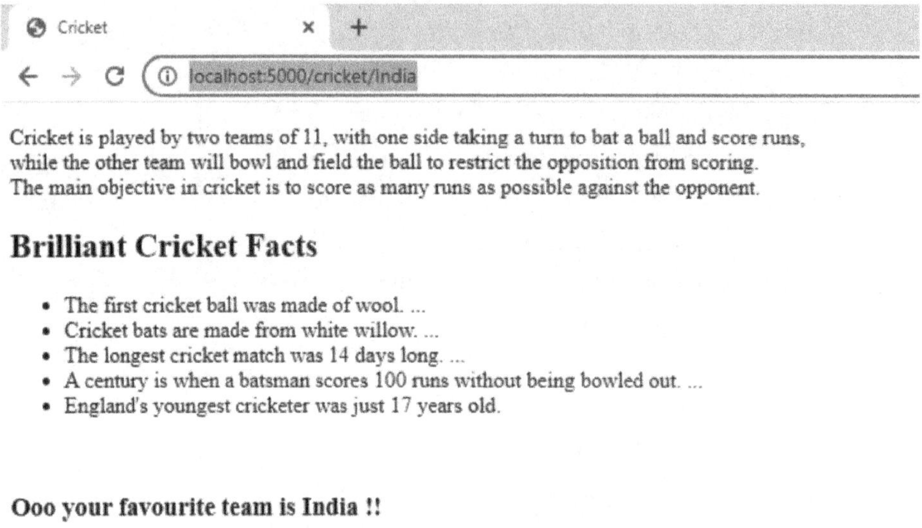

图 3.9 将 Cricket 作为 game 进行传递的浏览器输出

2. URL“localhost:5000/sport/backball/Japan”

通过传递 URL“localhost:5000/sport/baseball/Japan”来执行应用程序。url_for( )方法将调用视图函数 baseball( )。浏览器输出如图 3.10 所示。

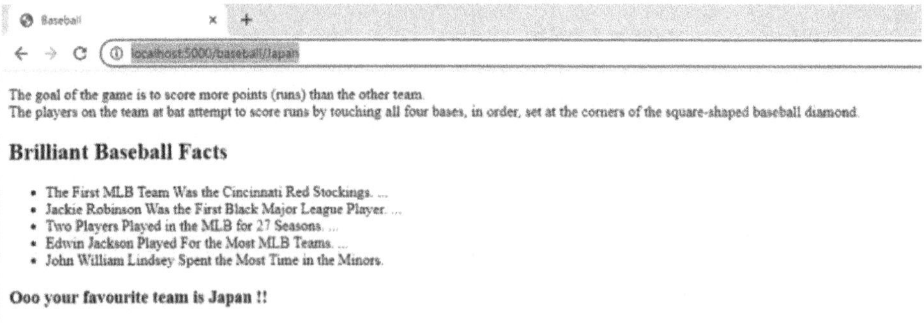

图 3.10 将 Baseball 作为 game 传递时的浏览器输出

3. URL“localhost:5000/sport/carrom/ India”

通过传递 URL“localhost:5000/sport/carrom/India”来执行应用程序。url_for( )方法将调用视图函数 carrom( )。浏览器输出如图 3.11 所示。

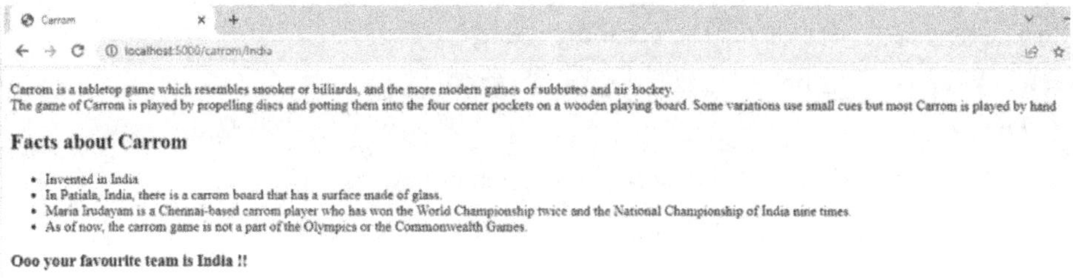

图 3.11　将 Carrom 作为 game 传递时的浏览器输出

4. URL“localhost:5000/sport/ hockey/India”

如果调用 URL“localhost:5000/sport/hockey/India”，则显示“workinprogress.html”网页。浏览器输出如图 3.12 所示。

图 3.12　将 hockey 作为 game 传递时的浏览器输出

3.5.2.4　在前端 / 演示端使用 url_for( )方法

上面的例子，是通过在后端使用 url_for( )来决定要调用的视图函数的。同样地，也可以在前端的 HTML 页面上使用该方法。请考虑 sportsmain.html 文件代码。

带有 url_for( )方法的 sportsmain.html 代码如下。

```
<!DOCTYPE html>
<html lang="en">
<head>
    <meta charset="UTF-8">
    <title>Sports</title>
</head>
<body>
<h1> Encouragement for sports!</h1>
<h2>Why are sports important?</h2>
<ul>Let us understand -
    <li>Helps in   Mental & Physical toughness</li>
    <li>Helps in developing Self Confidence
      & Team Spirit</li>
    <li>Teaches you how to organize your time!</li>
</ul>
<br>
```

```
<h3> There are indoor sports and outdoor sports </h3>
  Click on the links below to know more about them
   <nav>
         <a href="{{ url_for('indoor') }}">Indoor Games</a>
         <a href="{{ url_for('outdoor') }}">Outdoor Games</a>
     </nav>
</body>
</html>
```

这里在 HTML 页面上添加了逻辑，以调用 Python 代码中的映射视图函数（indoor 或 outdoor）。

注意：在项目目录中添加一个名为“templates”的单独文件夹，并确保上述“sportsmain.html”文件与其他 HTML 文件一起存在于 templates 文件夹中。对于本例，应提供的文件包括 sportsmain.html、indoor.html、outdoor.html。

indoor.html 代码如下。

```
<!DOCTYPE html>
<html lang="en">
<head>
     <meta charset="UTF-8">
     <title>Sports</title>
</head>
<body>
<h1> Indoor Games</h1>
<ul>
     <li>Chess</li>
     <li>Table tennis</li>
     <li>carrom</li>
</ul>
</body>
</html>
```

outdoor.html 代码如下。

```
<!DOCTYPE html>
<html lang="en">
<head>
     <meta charset="UTF-8">
     <title>Sports</title>
</head>
<body>
```

```
<h1> Outdoor Games</h1>
<ul>
    <li>Cricket</li>
    <li>Football</li>
    <li>Baseball</li>
    <li>Vollyball</li>
</ul>
</body>
</html>
```

Python 代码中的“和”逻辑与上一个示例中使用的代码“和”逻辑相同，只是添加了 indoor( )和 outdoor( )视图函数，以映射到前端超链接(<a> 标记)。具有 indoor 和 outdoor 视图功能的 Python 代码如下。

```
#import the Flask library
from flask import Flask,redirect,url_for,render_template,request
#Create the Flask instance and pass the Flask constructor the path of the correct module
app = Flask(__name__)
#Default route added using a decorator for view function 'welcome'
#Landing page of our web application
@app.route('/')
def welcome():
    return render_template('sportsmain.html')
@app.route('/cricket/<favteam>')
def cricket(favteam):
    return render_template('cricket.html',fav = favteam)
@app.route('/baseball/<favteam>')
def baseball(favteam):
    return render_template('baseball.html',fav = favteam)
@app.route('/carrom/<favteam>')
def carrom(favteam):
    return render_template('carrom.html',fav = favteam)
  #view function for indoor games option present on HTML page
@app.route('/indoor')
def indoor():
    return render_template('indoor.html')
  #view function for outdoor games option present on HTML page
@app.route('/outdoor')
def outdoor():
```

```
        return render_template('outdoor.html')
@app.route('/sport/<name>/<team>')
def game(name,team):
    if name == 'cricket':
        return redirect(url_for('cricket',favteam = team))
    elif name == 'baseball':
        return redirect(url_for('baseball',favteam = team))
    elif name == 'carrom':
        return redirect(url_for('carrom',favteam = team))
    else:
        return render_template('workinprogress.html',sportname=name)
#Start with flask web app with debug as True only if this is the starting page
if(__name__=="__main__"):
    app.run(debug=True)
```

在 templates 文件夹中添加 outdoor.html 和 indoor.html 后，sporstmain.html 网页如图 3.13 所示。

Flask 中的 url_for( )函数用于创建 URL，以免增加在整个应用程序(包括模板)中更改 URL 的开销。在不使用 url_for( )函数的情况下，如果应用程序的根 URL 发生了更改，则必须对存在链接的每个页面进行更改。

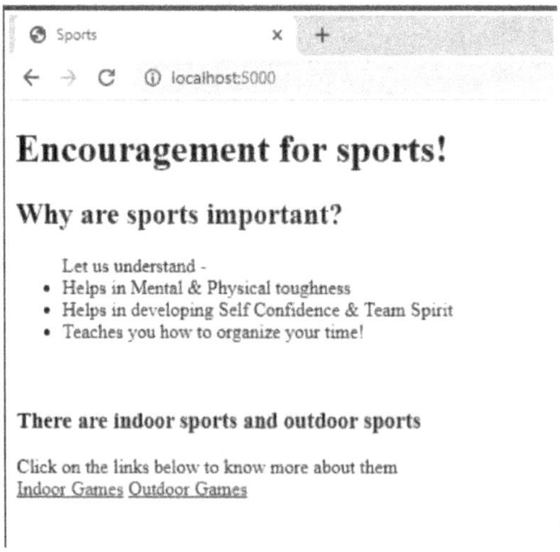

图 3.13　在主网页中包含 outdoor 和 indoor 链接后

3.5.3　处理静态文件(CSS、JavaScript、图像等)

在 Web 应用程序中，静态文件是指 CSS 样式表、JavaScript 文件、图片和其他不需要服务器端处理的文件。这些文件通常用于增强网站的功能和美化网站的外观。

Flask 提供了两种处理静态文件的方法：使用 Flask 的静态文件路由；配置 Web 服务器。

在 Flask 中,处理静态文件(如 CSS、JavaScript、图片等)非常方便。Flask 提供了一个默认的静态文件处理机制。以下是在 Flask 中设置和使用静态文件的详细步骤。

1. 项目结构

推荐一个常见的 Flask 项目结构,便于组织静态文件和模板文件:

```
my_flask_app/
│
├── app.py
├── static/
│   ├── css/
│   │   └── style.css
│   ├── js/
│   │   └── script.js
│   └── images/
│       └── logo.png
└── templates/
    └── index.html
```

(1)app.py:主应用文件。

(2)static/:用于存放静态文件的目录。

(3)templates/:用于存放 HTML 模板文件的目录。

2. 引用静态文件

在 HTML 模板中,可以使用 url_for('static', filename='path/to/file') 来引用静态文件。index.html 示例代码如下。

```HTML
<!DOCTYPE html>
<html lang="en">
<head>
    <meta charset="UTF-8">
    <title>Flask Static Files</title>
    <link rel="stylesheet" href="{{ url_for('static', filename='css/style.css') }}">
    <script src="{{ url_for('static', filename='js/script.js') }}"></script>
</head>
<body>
    <h1>Welcome to Flask!</h1>
    <img src="{{ url_for('static', filename='images/logo.png') }}" alt="Logo">
</body>
</html>
```

3. Flask 应用代码

创建一个简单的 Flask 应用来渲染 index.html。app.py 示例代码如下。

```python
from flask import Flask, render_template

app = Flask(__name__)

@app.route('/')
def index():
    return render_template('index.html')

if __name__ == '__main__':
    app.run(debug=True)
```

4. 运行应用

在命令行中运行应用：

```bash
python app.py
```

在浏览器中访问 http://127.0.0.1:5000/，将看到包含静态文件的页面。

在 Flask 中使用静态文件非常简单，只需将静态文件放在 static/ 目录下，然后在模板中使用 url_for('static', filename='path/to/file') 引用静态文件。

这种方式确保了静态文件的路径管理由 Flask 自动处理，避免了硬编码路径的麻烦，同时提供了更好的可维护性。

3.5.4 Blueprint 简介

Flask 蓝图（Blueprint）是 Flask 中用于组织和构建应用程序的一种方式。它允许开发者将应用程序的不同部分分解为独立的模块，提高代码的可维护性和可扩展性。蓝图在开发大型应用或希望将应用分成多个部分（如用户模块、管理模块等）方面特别有用。

3.5.4.1 蓝图的主要功能

（1）模块化开发：将应用程序的不同功能模块化，使得开发和维护更加容易。

（2）代码重用：将蓝图作为模块重用在不同的应用中。

（3）组织视图函数：将视图函数、模板、静态文件等调整到一个蓝图中，增强代码的组织性。

（4）独立路由和配置：每个蓝图都可以有自己的路由和配置。

3.5.4.2 创建和使用蓝图

1. 项目结构

推荐的项目结构如下。

```
my_flask_app/
│
├── app.py
├── blueprints/
│   ├── __init__.py
│   ├── auth/
│   │   ├── __init__.py
│   │   ├── routes.py
│   │   └── templates/
│   │       └── auth/
│   │           └── login.html
│   └── blog/
│       ├── __init__.py
│       ├── routes.py
│       └── templates/
│           └── blog/
│               └── index.html
└── templates/
    └── base.html
```

2. 创建蓝图

（1）创建一个认证蓝图（auth）。

blueprints/auth/__init__.py

```Python
from flask import Blueprint

auth_bp = Blueprint('auth', __name__, template_folder='templates')

from . import routes
```

blueprints/auth/routes.py

```Python
from flask import render_template, redirect, url_for
from . import auth_bp

@auth_bp.route('/login')
def login():
    return render_template('auth/login.html')
```

```
@auth_bp.route('/logout')
def logout():
    return redirect(url_for('main.index'))
```

（2）创建一个博客蓝图（blog）。

blueprints/blog/__init__.py

```Python
from flask import Blueprint

blog_bp = Blueprint('blog', __name__, template_folder='templates')

from . import routes
```

blueprints/blog/routes.py

```Python
from flask import render_template
from . import blog_bp

@blog_bp.route('/')
def index():
    return render_template('blog/index.html')
```

3. 注册蓝图

在主应用中注册蓝图。

app.py

```Python
from flask import Flask
from blueprints.auth import auth_bp
from blueprints.blog import blog_bp

app = Flask(__name__)

# 注册蓝图
app.register_blueprint(auth_bp, url_prefix='/auth')
app.register_blueprint(blog_bp, url_prefix='/blog')

@app.route('/')
def main_index():
```

```
    return render_template('base.html')


if __name__ == '__main__':
    app.run(debug=True)
```

4. 运行应用

首先在命令行中运行应用 python app.py，其次在浏览器中访问主页面（http://127.0.0.1:5000/）、登录页面（http://127.0.0.1:5000/auth/login）、博客主页（http://127.0.0.1:5000/blog/）。

使用 Flask 蓝图，可以将应用程序分成多个独立的模块，增强代码的组织性和可维护性。每个蓝图都可以有自己的路由、视图函数和模板，从而使得开发大型应用程序更加灵活和高效。

第 4 章　数据库与数据管理

4.1　选择数据库

在构建生物信息学网站时，选择适合的数据库至关重要。根据数据的结构、查询模式和性能需求，可以选择关系型数据库（Relational Database Management System，RDBMS）和非关系型数据库（NoSQL）。

4.1.1　关系型数据库

1. 关系型数据库的定义与特点

（1）关系型数据库以行和列的表格形式组织数据，使用结构化查询语言（SQL）来管理和查询数据。

（2）数据具有严格的结构和关系，例如外键约束。

（3）常见的关系型数据库包括 MySQL、PostgreSQL、Oracle 和 SQL Server。

2. 关系型数据库的优点

（1）数据一致性：强大的事务管理支持 ACID（原子性、一致性、隔离性、持久性）属性，保证数据的一致性和完整性。

（2）复杂查询：支持复杂的查询、联表操作（JOIN）和聚合函数，非常适合处理结构化数据和满足复杂的查询需求。

3. 关于型数据库的缺点

（1）扩展性差：水平扩展（scale-out）难度较大，通常只能通过垂直扩展（scale-up）来提升性能。

（2）灵活性低：数据结构必须事先定义（表结构），在处理非结构化数据或半结构化数据时灵活性较差。

4. 关系型数据库的适用场景

（1）数据具有明确结构和关系的应用，如用户管理系统、交易系统和财务数据管理。

（2）需要执行复杂查询和分析的场景，如报表生成和数据分析。

4.1.2　非关系型数据库

1. 非关系型数据库的定义与特点

（1）非关系型数据库不采用表格形式存储数据，而采用键值对、文档、列族或图结构等多种形式。

（2）非关系型数据库没有严格的表结构和关系，支持多种数据模型。

（3）常见的非关系型数据库包括 MongoDB（文档型数据库）、Redis（键值型数据库）、Cassandra（列族型数据库）和 Neo4j（图形数据库）。

2. 非关系型数据库的优点

（1）扩展性强：水平扩展容易，适用于处理大规模数据和高并发场景。

（2）灵活性高：不需要事先定义数据结构，适合处理动态变化的非结构化数据。

3. 非关系型数据库的缺点

（1）数据一致性弱：需要在一致性、可用性和分区容忍性（CAP 定理）方面做出权衡，部分非关系型数据库在数据一致性方面可能不如关系型数据库。

（2）查询能力有限：对于复杂查询支持性较差，通常不支持联表操作。

4. 非关系型数据库的适用场景

（1）需要存储和处理大量非结构化数据的场景，如社交媒体、日志数据和物联网数据。

（2）高并发和大规模数据处理场景，如内容分发网络（CDN）、实时数据分析和缓存系统。

4.1.3　总结

选择关系型数据库还是非关系型数据库，取决于具体的项目需求。对于生物信息学网站，如果需要管理结构化数据、确保数据一致性和支持复杂查询，可选择关系型数据库；如果需要处理海量非结构化数据、动态数据模型和高并发请求，可选择非关系型数据库。

在实际应用中，也可以结合两者的优点，采用混合数据库架构。例如，使用关系型数据库管理关键数据，使用非关系型数据库处理大规模的非结构化数据或缓存加速访问。

4.2　SQLAlchemy

4.2.1　什么是 SQLAlchemy

SQLAlchemy 是一个广泛使用的 Python 库，用于与数据库进行交互。它提供了两种主要模式：ORM（对象关系映射）和核心（SQL 表达式语言）。其中，ORM 模式允许开发者通过类和对象来映射数据库表和记录，而无须编写 SQL 语句。这种模式使数据库操作变得更加直观和简洁。

4.2.2　ORM 概述

对象关系映射（Object-Relational Mapping，ORM）是一种编程技术，它在面向对象编程语言（如 Java、C#、Python 等）和关系型数据库（如 MySQL、PostgreSQL、Oracle 等）之间建立桥梁。ORM 主要是为了让开发者可以使用面向对象的方式来操作数据库，而无须编写 SQL 语句。

1. ORM 的核心概念

（1）实体类与数据库表的映射。在 ORM 中，数据库中的每个表对应一个实体类。表中的每一行对应一个实体类的实例，表中的每一列对应实体类的一个属性。

（2）对象 - 关系映射。ORM 框架通过元数据（如注解、XML 配置等）对实体类与数据库表之间的映射关系进行管理和维护。这包括属性与数据库列的映射、对象之间的关系

(如一对多、多对多等)与数据库外键约束的映射。

(3)持久化操作。ORM 提供了一套 API,使得开发者可以通过面向对象的方式进行 CRUD(创建、读取、更新、删除)操作,并自动将这些操作转换为相应的 SQL 语句。

(4)查询功能。大多数 ORM 框架提供了查询语言或 DSL(领域特定语言),如 Hibernate 的 HQL 和 JPA 的 JPQL,可以通过面向对象的方式构建查询条件。

2. ORM 的优点

(1)开发效率高。开发者不需要编写烦琐的 SQL 语句,只需处理对象,代码更简洁、易维护。

(2)跨数据库支持。大部分 ORM 框架支持多种数据库,切换数据库时不需要修改大量代码。

(3)自动化管理:ORM 可以自动管理数据库连接、事务、缓存等,使得开发者可以专注于业务逻辑。

3. ORM 的缺点

(1)性能损耗。ORM 的抽象层次较高,可能会带来性能上的损耗,尤其在处理复杂查询时。

(2)学习成本。掌握 ORM 框架需要学习其 API 的使用方法,增加了一定的学习成本。

(3)灵活性不足。在某些场景下,直接使用 SQL 语句更高效和灵活, ORM 的封装会限制开发者对数据库操作的精细控制。

4. 常见的 ORM 框架

(1)Java:Hibernate、JPA。

(2)Python:SQLAlchemy、Django ORM。

(3)C#:Entity Framework。

(4)Ruby:ActiveRecord。

ORM 是一种有效的交互工具,在合理使用的情况下,可以大幅度提高开发效率,降低代码的复杂度,但需要权衡其性能和灵活性方面的潜在问题。

4.2.3 SQLAlchemy 中的数据库操作

1. 通过 SQLAlchemy 连接数据库

在介绍 Flask 中的数据库操作之前,须先安装 MySQL、PyMySQL 和 SQLAlchemy 软件。在 MySQL 软件中使用以下 SQL 语句创建数据库 xt_flask 和数据表。

```
CREATE DATABASE xt_flask;
use xt_flask;
CREATE TABLE Persons (
    PersonID int,
    LastName varchar(255),
    FirstName varchar(255),
    City varchar(255)
);
```

```
INSERT INTO Persons
VALUES (1, 'cx', 'ss', 'jdz');
SELECT * FROM Persons;
```

以下 Python 代码通过 SQLAlchemy 软件包连接 MySQL 数据库。

```
from sqlalchemy import create_engine
# 数据库的配置变量
HOSTNAME = '127.0.0.1'
PORT     = '3306'
DATABASE = 'xt_flask'
USERNAME = 'root'
PASSWORD = 'root'
DB_URI      =      'mysql+pymysql://{}:{}@{}:{}/{}'.format(USERNAME,PASS-
WORD,HOSTNAME,PORT,DATABASE)
 # 创建数据库引擎
engine = create_engine(DB_URI)
   # 创建连接
with engine.connect() as con:
    rs = con.execute('SELECT * from Persons')
    print( rs.fetchone())
```

运行以上代码,后台显示的内容为:(1, 'cx', 'ss', 'jdz')。

2. 在 SQLAlchemy 中,ORM 操作主要分为以下几个步骤

(1)模型定义:通过定义 Python 类来映射数据库中的表。每个类对应数据库中的一张表,类的属性对应表中的列。示例代码如下。

```
Python
```

```
from sqlalchemy import Column, Integer, String
from sqlalchemy.ext.declarative import declarative_base

Base = declarative_base()

class User(Base):
        tablename__ = 'users'
    id = Column(Integer, primary_key=True)
    name = Column(String)
    age = Column(Integer)
```

(2)创建和管理会话:会话(Session)是 SQLAlchemy 中用于管理数据库连接和操作的对象。通过会话,可以方便地执行查询、插入、更新和删除操作。示例代码如下。

```python
from sqlalchemy import create_engine
from sqlalchemy.orm import sessionmaker
engine = create_engine('sqlite:///example.db')
Session = sessionmaker(bind=engine)
session = Session()
```

(3)执行数据库操作:通过会话对象,可以对定义的模型类进行 CRUD 操作。示例代码如下。

①插入数据:

```python
new_user = User(name='Alice', age=25)
session.add(new_user)
session.commit()
```

②查询数据:

```python
user = session.query(User).filter_by(name='Alice').first()
print(user.name, user.age)
```

③更新数据:

```python
user.age = 26
session.commit()
```

④删除数据:

```python
session.delete(user)
session.commit()
```

3. ORM 的优点

(1)开发效率高:ORM 极大地提高了开发效率,因为开发者可以使用熟悉的编程语言和对象模型来操作数据库,而不需要编写烦琐的 SQL 语句。

(2)代码可维护性强:通过 ORM,数据库操作的逻辑集中在模型类中,这使得代码更具可读性和可维护性。

(3)数据库无关性:ORM 使得应用程序能够轻松地更换底层数据库,而无须大量修改代码。SQLAlchemy 支持多种数据库引擎(如 SQLite、MySQL、PostgreSQL 等),并且只需更改数据库连接字符串即可切换数据库。

4. 使用 ORM 的注意事项

（1）性能考虑：虽然 ORM 提高了开发效率，但在处理复杂查询或大规模数据操作时，直接使用 SQL 可能会更高效。因此，在重要性能部分，可以结合 SQLAlchemy 的核心模式使用或直接编写 SQL 语句。

（2）数据库设计：使用 ORM 并不意味着可以忽视数据库设计，良好的数据库设计仍然是高效应用程序的基础。

总的来说，SQLAlchemy 提供了强大的 ORM 功能，使得数据库的交互性能变得更加简洁和高效。通过 ORM，开发者可以专注于业务逻辑，而不必陷入烦琐的 SQL 操作中。

4.3　数据库迁移

4.3.1　数据库迁移简介

1. 数据库迁移的必要性

在开发 Web 应用时，随着项目的不断演进，数据库的结构需要进行相应的调整。例如，添加新的表、修改字段类型、删除不再需要的列。为了确保每次更改都能被安全、有效地应用到生产环境中，需要对数据库进行迁移管理。

数据库迁移是指将现有的数据库结构升级或降级到新版本或旧版本的过程。通过迁移工具，开发者可以管理和追踪数据库的结构变化，使得数据库的结构在不同的环境（如开发、测试、生产环境）中保持一致性。

2. Flask-Migrate 介绍

Flask-Migrate 是一个用于处理 Flask 应用程序中数据库迁移的扩展模块，它基于 Alembic（SQLAlchemy 的数据库迁移框架）实现数据库迁移功能。Flask-Migrate 将 Alembic 的功能集成到 Flask 中，使得数据库迁移操作更加方便和直观。

3. 使用 Flask-Migrate 进行数据库版本管理

（1）安装 Flask-Migrate：需要确保已经安装了 Flask-Migrate 和 Alembic。可以使用 pip 命令进行安装，即 pip install Flask-Migrate。

（2）初始化 Flask-Migrate：在 Flask 应用中，需要将 Flask-Migrate 初始化。通常在创建数据库引擎和会话管理之后进行，示例代码如下。

```Python
from flask import Flask
from flask_sqlalchemy import SQLAlchemy
from flask_migrate import Migrate

app = Flask(__name__)
app.config['SQLALCHEMY_DATABASE_URI'] = 'sqlite:///app.db'
db = SQLAlchemy(app)
```

```
migrate = Migrate(app, db)
```

（3）创建迁移脚本：每当数据库模型发生变化时，都需要创建一个新的迁移脚本。可以使用 flask db migrate -m 命令创建。该命令会生成一个新的迁移脚本文件，文件包含了当前数据库状态与新的模型定义之间的差异。

（4）应用迁移：生成迁移脚本后，需要将其应用到数据库中。可以使用 flask db upgrade 命令将迁移应用到数据库。如果需要回滚到之前的版本，可以使用 flask db downgrade 命令。

（5）管理数据库版本：Flask-Migrate 还提供了其他管理工具，例如查看当前数据库的版本状态（flask db current）、查看可用的迁移历史（flask db history）等。这些工具可以帮助开发者更好地管理数据库版本。

4. 小结

Flask-Migrate 是一个强大而便捷的工具，可以帮助开发者管理和追踪数据库的版本变化。它使得数据库迁移过程更加系统化、自动化，并且能够随应用程序代码的变化同步改变，从而大大提高了数据库管理的效率和可靠性。在生产环境中，使用 Flask-Migrate 进行数据库迁移能够确保数据库的结构始终与应用程序的需求保持一致，防范手动操作带来的错误风险。

4.3.2 Flask 实战——使用 Flask-Migrate 创建数据库表格

Flask-Migrate 是一个基于 Alembic 为 Flask 应用程序处理 SQLAlchemy 数据库迁移的扩展工具。数据库操作通过 Flask 命令行界面实现。

Flask-Migrate 是一个扩展模块，它以正确的方式配置 Alembic，以使用 Flask 和 Flask SQLAlchemy 应用程序。Alembic 是常用的数据库迁移工具，它可以帮助开发者管理数据库模式的升级和回滚。可以使用 pip install Flask-Migrate 命令安装 Flask-Migrate。

通过 Flask-Migrate 处理数据库迁移的示例应用程序 admin_demo.py 如下。

```
from flask import render_template, request, redirect, url_for
from flask import Flask
import flask
# from app import app
from decorators import admin_required, user_required
# from flask.ext.sqlalchemy import SQLAlchemy
from flask_migrate import Migrate
from flask_sqlalchemy import SQLAlchemy
from flask_login import LoginManager, UserMixin, login_user
import flask_login

app = Flask(__name__)
```

```
HOSTNAME = '127.0.0.1'
PORT = '3306'
DATABASE = 'xt_flask'
USERNAME = 'root'
PASSWORD = 'root'
DB_URI = 'mysql+pymysql://{}:{}@{}:{}/{}'.format(USERNAME, PASSWORD, HOSTNAME, PORT, DATABASE)
SECRET_KEY = "dfasdfsdflasdjfl"
db = SQLAlchemy(app)
login_manager = flask_login.LoginManager()
login_manager.init_app(app)
login_manager.login_view = 'login'
migrate = Migrate(app, db)

class Users(UserMixin, db.Model):
    id = db.Column(db.Integer, primary_key=True)
    username = db.Column(db.String(250), unique=True, nullable=False)
    password = db.Column(db.String(250), nullable=False)
```

可以使用以下命令创建迁移存储库。

```
set FLASK_APP=admin_demo.py
flask db init
```

以上命令可以为应用程序添加一个迁移文件夹。此文件夹的内容需要与其他源文件一起添加到版本控制中。然后，可以生成一个初始迁移：

```
flask db migrate
```

开发者需要对迁移脚本进行审查和编辑，因为 Alembic 无法检测到开发者对模型所做的所有更改。特别是，Alembic 目前无法检测到表名更改、列名更改或匿名命名约束。一旦完成审查，还需要将迁移脚本添加到版本控制中。

可以将迁移脚本描述的更改应用于数据库：

```
flask db upgrade
```

当数据库模型更改时，需要重复执行 migrate 和 upgrade 命令。要在另一个系统中同步数据库，只需刷新源代码管理中的 migrations 文件夹并运行 upgrade 命令。要查看所有可用的命令，可运行以下代码。

```
flask db --help
```

使用 Flask-Migrate 创建 user 和 role 数据表的示例如下。

为了方便将代码分类和存储，在项目 myproj 目录下创建一个子目录 models，新建一个

auth.py 文件，代码如下。

```
from myproj.exts import db
import shortuuid
from datetime import datetime
from werkzeug.security import generate_password_hash, check_password_hash
from sqlalchemy_serializer import SerializerMixin

class Permission(object):
    # 255 的二进制方式来表示 1111 1111
    ALL_PERMISSION = 0b11111111
    # 1. 访问者权限
    VISITOR =         0b00000001
    # 2. 管理帖子权限
    POST =            0b00000010
    # 3. 管理评论的权限
    COMMENT =         0b00000100
    # 4. 管理板块的权限
    BANNER =          0b00001000
    # 5. 管理前台用户的权限
    USER =            0b00010000
    # 6. 管理后台管理员的权限
    STAFF =           0b01000000

class RoleModel(db.Model, SerializerMixin):
    serialize_only = ("id", "name", "desc", "create_time")
    __tablename__ = 'role'
    id = db.Column(db.Integer, primary_key=True, autoincrement=True)
    name = db.Column(db.String(50), nullable=False)
    desc = db.Column(db.String(200),nullable=True)
    create_time = db.Column(db.DateTime,default=datetime.now)
    permissions = db.Column(db.Integer,default=Permission.VISITOR)

class UserModel(db.Model, SerializerMixin):
    serialize_rules = ("-_password", "-posts", "-comments")
    __tablename__ = "user"
    id = db.Column(db.String(100), primary_key=True, default=shortuuid.uuid)
    email = db.Column(db.String(50), unique=True, nullable=False)
```

```
    username = db.Column(db.String(50), nullable=False)
    _password = db.Column(db.String(200), nullable=False)
    avatar = db.Column(db.String(100))
    signature = db.Column(db.String(100))
    join_time = db.Column(db.DateTime, default=datetime.now)
    is_staff = db.Column(db.Boolean, default=False)
    is_active = db.Column(db.Boolean, default=True)
    role_id = db.Column(db.Integer, db.ForeignKey("role.id"))

    role = db.relationship("RoleModel", backref="users")

    def __init__(self, *args, **kwargs):
        if "password" in kwargs:
            self.password = kwargs.get('password')
            kwargs.pop("password")
        super(UserModel, self).__init__(*args, **kwargs)

    @property
    def password(self):
        return self._password

    @password.setter
    def password(self, newpwd):
        self._password = generate_password_hash(newpwd)

    def check_password(self, rawpwd):
        return check_password_hash(self.password, rawpwd)

    def has_permission(self, permission):
        # 当前用户所拥有的权限 &permission = permission
        # 0b011 & 0b001 = 0b001
        # 0b011 & 0b100 = 0b000
        return (self.role.permissions & permission) == permission
```

在项目 myproj 目录下创建 app.py，代码如下。

```
from flask import Flask
import config
from exts import db
```

```
from flask_migrate import Migrate
from models import auth

app = Flask(__name__)
app.config.from_object(config)
db.init_app(app)

migrate = Migrate(app, db)

if __name__ == '__main__':
    app.run(host="0.0.0.0")
```

在 myproj 目录下创建 config.py 文件,代码如下。

```
DEBUG = True
# 数据库的配置变量
HOSTNAME = '127.0.0.1'
PORT     = '3306'
DATABASE = 'xt_flask'
USERNAME = 'root'
PASSWORD = 'root'
DB_URI   =   'mysql+pymysql://{}:{}@{}:{}/{}'.format(USERNAME,PASSWORD,HOSTNAME,PORT,DATABASE)
SQLALCHEMY_DATABASE_URI  =  'mysql+pymysql://root:root@127.0.0.1:3306/xt_flask'  # 数据库信息
SQLALCHEMY_TRACK_MODIFICATIONS = True

SECRET_KEY = "dfasdfsdflasdjfl"
 # 创建数据库引擎
from sqlalchemy import create_engine
from sqlalchemy.ext.declarative import declarative_base
engine = create_engine(DB_URI)
Base = declarative_base(engine)
```

将 ORM 模型映射到数据库中的步骤如下。

(1)初始化迁移仓库 flask db init。运行 flask db init 命令生成目录 migrations,如图 4.1 所示。

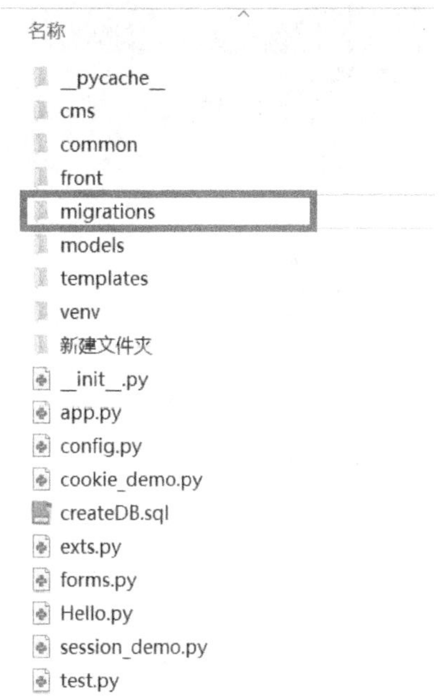

图 4.1　运行 flask db init 命令生成目录 migrations

（2）将 orm 模型生成迁移脚本 flask db migrate。

（3）运行迁移脚本，生成表 flask db upgrade。

在 anaconda prompt 窗口的运行结果如图 4.2 所示。

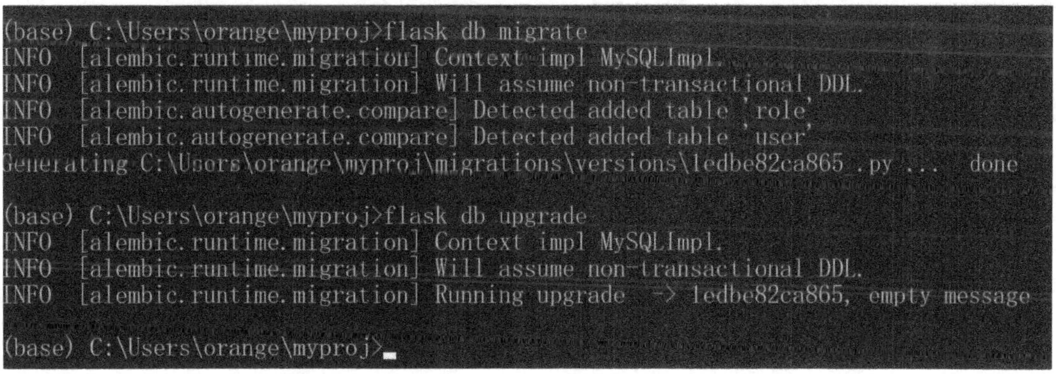

```
(base) C:\Users\orange\myproj>flask db migrate
INFO  [alembic.runtime.migration] Context impl MySQLImpl.
INFO  [alembic.runtime.migration] Will assume non-transactional DDL.
INFO  [alembic.autogenerate.compare] Detected added table 'role'
INFO  [alembic.autogenerate.compare] Detected added table 'user'
Generating C:\Users\orange\myproj\migrations\versions\1edbe82ca865_.py ...  done

(base) C:\Users\orange\myproj>flask db upgrade
INFO  [alembic.runtime.migration] Context impl MySQLImpl.
INFO  [alembic.runtime.migration] Will assume non-transactional DDL.
INFO  [alembic.runtime.migration] Running upgrade  -> 1edbe82ca865, empty message

(base) C:\Users\orange\myproj>
```

图 4.2　在 anaconda prompt 窗口的运行结果

在 MySQL workbench 窗口查看数据库表格的创建结果，可见 xt_flask 数据库中新创建的两个数据表格 user 和 role，如图 4.3 所示。

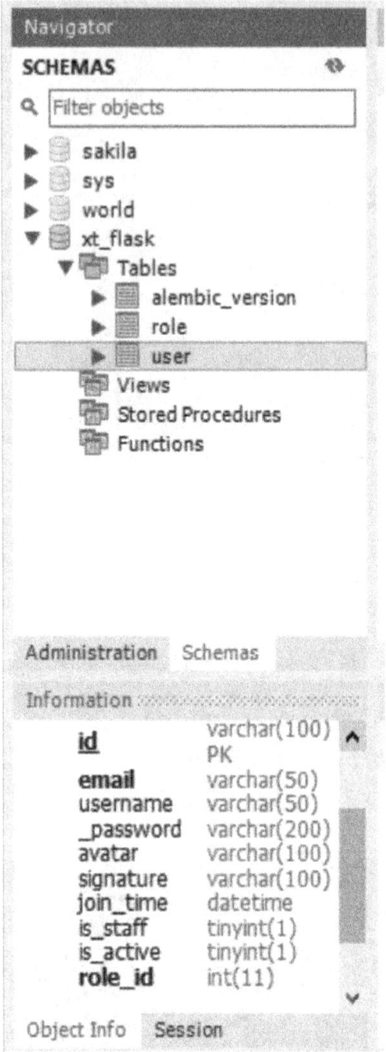

图 4.3 在 MySQL workbench 窗口查看数据库表格的创建结果

第 5 章　生物信息数据处理

5.1　生物信息学数据类型

在生物信息学领域，不同类型的数据被用于解释不同的复杂系统。以下是一些常见的生物信息学数据类型及其特点。

1. 序列数据（Sequence Data）

（1）DNA/RNA 序列：生物信息学中最基础的数据类型之一，包含了生物体的遗传信息。DNA 序列由四种核苷酸（A、T、C、G）组成，而 RNA 序列则由四种碱基（A、U、C、G）组成。通过对 DNA 和 RNA 序列数据的分析可以揭示基因的结构、功能及基因组的组成。

（2）蛋白质序列：由氨基酸组成的线性序列，是蛋白质的一级结构。蛋白质序列数据用于研究蛋白质的结构与功能，以及了解它们在细胞中的作用。

2. 结构数据（Structural Data）

（1）蛋白质结构数据：包括蛋白质的三维结构信息，这些数据通常通过 X 射线晶体学、核磁共振（NMR）或冷冻电镜等技术获取。蛋白质的三维结构对于了解其功能至关重要。

（2）核酸结构数据：不仅包括线性序列，还涉及 DNA/RNA 的空间结构，如双螺旋结构。这些结构信息对于研究分子间的相互作用和功能调控有重要意义。

3. 基因组数据（Genomic Data）

（1）全基因组序列数据：涵盖了整个生物体的基因组序列，是研究基因组结构、功能和进化的重要资源。基因组数据可以揭示生物体的基因组成、基因调控机制和进化关系。

（2）转录组数据：反映特定条件下基因表达的总体情况。通过转录组数据分析，可以了解基因表达的动态变化和调控机制。

4. 功能性数据（Functional Data）

（1）基因表达数据：通常通过微阵列或 RNA-seq 技术获取，用于测量在不同条件下基因的表达水平。这些数据可以帮助研究者了解基因在不同组织、细胞类型或环境条件下的活跃程度。

（2）蛋白质组学数据：涉及所有蛋白质的表达、修饰和相互作用的信息，是研究蛋白质功能和网络的关键数据类型。

5. 代谢组数据（Metabolomic Data）

代谢物数据用于研究生物体内的代谢物（如葡萄糖、脂质等）及其变化，包括代谢途径、疾病机制和药物响应。

6. 表观遗传学数据（Epigenomic Data）

DNA 甲基化、组蛋白修饰数据描述了不改变 DNA 序列但能调控基因表达的化学修饰。表观遗传学数据有助于理解基因表达的调控机制和环境对基因的影响。

生物信息学数据类型多样，涵盖了从基因序列到三维结构、从基因组信息到功能数据的各个层面。这些数据为理解生命科学提供了丰富的资源和工具,是生物信息学研究的基础。

5.2 数据解析与预处理

在生物信息学中,数据解析与预处理是数据分析的第一步。常见的生物信息学文件格式包括 FASTA、GFF、VCF 等,这些格式存储了不同类型的生物数据。了解如何解析这些文件格式并进行预处理是后续进行数据分析的关键。

5.2.1 FASTA 文件格式解析

FASTA 文件格式用于存储序列数据(如 DNA、RNA、蛋白质序列),由一行描述信息和后续多行序列的数据组成。描述信息通常以“>”开头,接下来是序列名称或其他注释。每个序列以多行字符表示。

解析步骤如下。

(1)读取文件:逐行读取 FASTA 文件。

(2)判断序列标识:如果某行以“>”开头,则标识新的序列开始,读取并存储描述信息。

(3)读取序列:将随后的行数据拼接起来,直到遇到下一个“>”为止。

(4)存储序列:将每个序列及其描述信息存储为字典或其他数据结构,方便后续使用。

5.2.2 GFF 文件格式解析

GFF 文件格式为通用特征格式(General Feature Format),用于描述基因组特征的位置和注释。每一行代表一个特征,包含 9 个字段,分别描述序列 ID、来源、特征类型、起始位置、终止位置、评分、链向、相位和附加注释。

解析步骤如下。

(1)逐行读取文件:逐行读取 GFF 文件。

(2)解析字段:将每一行按制表符分割成 9 个字段,存储为列表或字典结构。

(3)处理注释信息:第 9 个字段可能包含额外的注释信息,需要进一步解析。

(4)存储特征:将解析后的特征信息存储为合适的数据结构,以便查询和分析。

5.2.3 VCF 文件格式解析

VCF 文件格式为变异调用格式(Variant Call Format),用于存储基因组变异(如 SNPs 和 Indels)信息。VCF 文件由元数据行、注释行和数据行组成。数据行描述每个变异的位置信息、参考和替代碱基、质量评分及其他注释信息。

解析步骤如下。

(1)读取元数据:解析以“##”开头的元数据行,存储文件的全局信息。

(2)解析标题行:标题行以“#”开头,定义了后续数据行的列名。

(3)解析数据行:逐行读取数据,将每一行的变异信息按列分割,存储为字典或表格结构。

(4)处理注释:解析每个变异的注释信息,包括基因型、滤过状态、变异类型等。

5.2.4　总结

数据解析是生物信息学数据分析的第一步，不同的文件格式承载了不同类型的数据。通过合理解析 FASTA、GFF、VCF 等文件格式，并进行适当的预处理，可以为后续的数据分析打下坚实的基础。这一过程通常涉及读取文件、解析关键字段和存储数据，以便进一步分析数据。

5.3　与生物信息数据库的集成

集成公共生物信息数据库（如 NCBI 和 UniProt）是生物信息学项目中的关键步骤。这些数据库存储了大量的生物数据，如基因序列、蛋白质信息、基因组注释等。通过连接和查询这些数据库，可以获取最新的生物数据，用于数据分析、注释以及研究开发。

5.3.1　NCBI 数据库的连接与查询

NCBI（National Center for Biotechnology Information，美国国家生物技术信息中心）提供了丰富的生物信息资源，包括 GenBank、PubMed、BLAST 等工具。

1. 连接 NCBI 数据库

可以使用 NCBI 提供的 API（如 Entrez Programming Utilities, E-utilities）获取数据。Python 的 BioPython 库中也集成了对 NCBI 数据库的访问接口，如 Entrez 模块。

2. 查询 NCBI 数据库

（1）基本查询：使用关键字、基因名、序列号等进行搜索。可以指定数据库（如 Nucleotide、Protein）和返回的记录格式（如 XML 格式、FASTA 格式）。示例代码如下。

```python
from Bio import Entrez

Entrez.email = "your_email@example.com"
handle = Entrez.esearch(db="nucleotide", term="BRCA1", retmax=10)
record = Entrez.read(handle)
print(record["IdList"])
```

（2）数据下载：通过 efetch 方法下载具体的序列或记录。

5.3.2　UniProt 数据库的连接与查询

UniProt 是一个综合性的蛋白质序列和功能信息数据库，包括 Swiss-Prot 和 TrEMBL 两个子库。

1. 连接 UniProt

可以使用 UniProt 提供的 RESTful API 查询与数据获取。Python 的 Requests 库可以用于发送 HTTP 请求。

2. 查询 UniProt 数据库

（1）基本查询：通过 UniProt 的 API，可以根据蛋白质名、基因名、GO 注释等信息进行检索，并获取对应的蛋白质序列、功能注释等信息。示例代码如下。

```
Python
import requests

url = "https://www.uniprot.org/uniprot/?query=BRCA1&format=tab&columns=id,entry_name,reviewed,organism,length"
response = requests.get(url)
print(response.text)
```

（2）数据解析：查询结果可以以文本、FASTA、XML 等格式返回，并根据需求解析和处理数据。

5.3.3 综合使用与数据集成

（1）跨数据库查询。许多研究问题需要从多个数据库中获取数据并进行集成。可以通过统一的工具或脚本，将来自不同数据库的数据进行整合。

（2）自动化工作流。脚本或工作流工具（如 Snakemake、Nextflow），可以自动从多个数据库获取、解析并整合数据的流程，减少手动操作，提升工作效率。

5.3.4 总结

与公共生物信息数据库（如 NCBI 和 UniProt）的集成是生物信息学研究的重要组成部分。通过 API 或专用的库，研究者可以方便地获取和解析生物数据。这些操作不仅可以为研究提供基础数据支持，还可以通过自动化流程提升工作效率。

第 6 章　用户管理与认证

6.1　用户注册与登录

在创建一个安全且有效的用户认证系统时，有几个关键步骤需要着重考虑，包括用户注册、用户登录、密码重置与管理等方面。以下是实现用户认证系统的一般流程。

1. 用户注册

（1）表单设计。设计用户注册表单时，需要用户提供基本信息，如用户名、密码、电子邮件等。应对输入数据进行验证，确保数据的格式正确且不为空。

（2）密码加密。在用户提交注册信息后，使用加密算法（如 bcrypt）对密码进行加密存储，而不是以明文形式保存，确保用户密码的安全性。

（3）数据库存储。将用户提交的注册信息保存到数据库，尤其要妥善管理用户的加密密码。

2. 用户登录

（1）验证登录信息。在用户登录时，从数据库中检索用户信息，并将输入的密码与存储的加密密码进行比较，验证用户的身份。

（2）生成会话令牌。一旦用户成功登录，会生成一个会话令牌（Session Token）以维持用户的登录状态。这个令牌通常通过浏览器的 Cookie（存储在用户本地终端上的数据）保存，并用于后续的用户身份验证。

3. 密码重置与管理

（1）密码重置功能。为用户提供密码重置功能，该功能通常通过发送带有重置链接的电子邮件来实现。用户点击链接后按照提示步骤操作可以设置新的密码。

（2）强密码策略。在用户注册或重置密码时，强制执行强密码策略，如要求密码包含大小写字母、数字和特殊字符，并具有一定的长度，以提高密码的安全性。

4. 安全性考虑

（1）防止 SQL 注入。在处理用户输入时，使用参数化查询或 ORM 工具，防止 SQL 注入攻击。

（2）跨站请求伪造（Cross-Site Request Forgery，CSRF）保护。在处理用户提交的表单时，使用 CSRF 令牌来防止恶意网站发起伪造请求。

5. 集成第三方认证（可选）

如果应用需要与其他平台进行整合，可以考虑使用 OAuth2.0 协议来实现第三方认证，如通过 Google、Facebook、GitHub 等账户登录。

总的来说，实现用户认证系统是确保 Web 应用程序安全性的重要步骤。通过设计合理的用户注册与登录机制，对用户密码进行加密存储，防止常见的安全漏洞，可以有效保护用户的个人信息和账户安全。

Flask 框架中的示例用户认证实现代码（部分示例代码）如下。

```python
from flask import Flask, render_template, request, redirect, url_for, flash
from werkzeug.security import generate_password_hash, check_password_hash

app = Flask(__name__)
app.secret_key = 's3cr3 t_k3y'

# 假设我们有一个简单的用户数据库字典
users_db = {}

@app.route('/register', methods=['GET', 'POST'])
def register():
    if request.method == 'POST':
        username = request.form['username']
        password = request.form['password']
        hashed_password = generate_password_hash(password)
        users_db[username] = hashed_password
        flash('User registered successfully!')
        return redirect(url_for('login'))
    return render_template('register.html')

@app.route('/login', methods=['GET', 'POST'])
def login():
    if request.method == 'POST':
        username = request.form['username']
        password = request.form['password']
        hashed_password = users_db.get(username)
        if hashed_password and check_password_hash(hashed_password, password):
            flash('Logged in successfully!')
            return redirect(url_for('dashboard'))
        else:
            flash('Invalid username or password')
    return render_template('login.html')

@app.route('/dashboard')
def dashboard():
    return 'Welcome to your dashboard!'
```

以上示例代码展示了一个基本的用户注册与登录流程。在实际应用中，需要将用户信息保存到数据库，并实施更为复杂的安全措施。

6.2　基于角色的访问控制

在 Web 应用程序中，基于角色的访问控制（Role-Based Access Control, RBAC）是一种应用广泛的安全策略，其通过将用户分配到特定的角色来控制对系统资源的访问。这种方法简化了权限管理流程，确保不同角色的用户只能访问与其职责相关的功能和数据。

1. 角色定义与权限配置

（1）角色定义：在系统中，常见的角色包括管理员（Admin）和普通用户（User）。管理员通常具有较高的权限，可以执行管理操作，如用户管理、系统设置、数据审核等。普通用户的权限则相对有限，只能使用基本功能，如个人账户管理、数据查询等。

（2）权限配置：为每个角色分配具体的权限。这些权限包括访问特定页面、执行特定操作（如创建、读取、更新、删除），以及对敏感数据的访问权限。权限的配置应根据角色的职责来进行，确保每个用户只能执行符合其角色的操作。

2. 实现基于角色的访问控制

（1）用户角色分配：在用户注册或管理员在后台管理界面时，将用户分配给一个或多个角色。这些角色信息通常保存在数据库中，作为用户信息的一部分。

（2）访问控制中间件：在 Web 应用程序中，使用中间件或装饰器来检查当前用户的角色，并决定是否允许其访问特定的页面或执行某些操作。如果用户尝试访问其角色权限范围之外的资源，应显示“权限不足”或重定向到错误页面。

3. 管理员与普通用户的权限差异

（1）管理员权限如下。

①管理用户：创建、修改、删除用户账户，分配或调整用户角色。

②系统设置：修改系统配置，如站点设置、安全配置、数据备份等。

③数据管理：访问、编辑和删除所有用户的数据和系统的核心数据。

（2）普通用户权限如下。

①账户管理：修改个人信息和密码。

②数据查询：访问与自己相关的数据或公共数据。

③受限操作：仅限于在权限范围内执行有限的操作，如创建个人数据、提交表单等。

在 Flask 框架中，基于角色的访问控制可以通过装饰器来实现。以下是一个简单的实现示例。

```python
from flask import Flask, redirect, url_for, render_template, flash
from functools import wraps
from flask_login import current_user, login_required
```

```
app = Flask(__name__)

# 装饰器函数,用于检查用户角色
def role_required(role):
    def wrapper(f):
        @wraps(f)
        def decorated_function(*args, **kwargs):
            if current_user.role != role:
                flash('You do not have permission to access this page.', 'danger')
                return redirect(url_for('index'))
            return f(*args, **kwargs)
        return decorated_function
    return wrapper

@app.route('/admin')
@login_required
@role_required('admin')  # 仅管理员可以访问
def admin_dashboard():
    return render_template('admin_dashboard.html')

@app.route('/user')
@login_required
@role_required('user')  # 仅普通用户可以访问
def user_dashboard():
    return render_template('user_dashboard.html')

if __name__ == '__main__':
    app.run(debug=True)
```

基于角色的访问控制是一种确保系统安全性的重要策略。通过明确角色定义和权限配置,开发者可以对系统资源的访问进行有效管理,防止未经授权的访问和操作,确保系统的稳定性和安全性。

6.3 安全性

在开发 Web 应用程序时,安全性是不可忽视的重要方面。特别是对于处理敏感数据的生物信息学网站,必须防御各种常见的 Web 攻击,如 CSRF 和 SQL 注入。这些攻击可能导致数据泄露、服务中断,甚至整个系统崩溃。

1. SQL 注入防御

SQL 注入是一种通过在应用程序的输入字段中插入恶意 SQL 代码，篡改数据库查询的攻击方式。攻击者可以利用这一漏洞访问、修改甚至删除数据库中的敏感数据。

SQL 注入防御措施如下。

（1）使用 ORM。ORM 工具如 SQLAlchemy，可以自动处理 SQL 查询，避免手动拼接 SQL 语句，从而降低 SQL 注入的风险。ORM 通过使用参数化查询，将数据和代码分开，确保用户输入不会被当作 SQL 代码执行。

（2）参数化查询。即使不使用 ORM，手动编写 SQL 查询时，也应使用参数化查询或预编译语句（Prepared Statements）。这些方法允许数据库自动处理用户输入，防止 SQL 注入。

（3）输入验证与过滤。所有输入数据都应经过严格的验证与过滤，确保其符合格式要求，移除或转义任何可能用于注入 SQL 代码的特殊字符。示例代码如下。

```python
# 使用 SQLAlchemy 的示例，防止 SQL 注入
user = db.session.query(User).filter_by(username=username).first()

# 使用参数化查询的示例
cursor.execute("SELECT * FROM users WHERE username = %s", (username,))
```

2. CSRF 防御

CSRF 是一种攻击方式，攻击者诱导用户在已认证的 Web 应用程序上执行未经授权的操作。例如，用户在登录状态下访问一个恶意网站，该网站可能会利用用户的身份在后台执行一些危险的操作（如转账、修改密码等）。

CSRF 防御措施如下。

（1）使用 CSRF 令牌。每个受保护的表单提交时都应附带唯一的 CSRF 令牌。服务器验证令牌以确认请求来自合法用户，而非攻击者。

（2）检查 Referer 头。验证 HTTP 请求头中的 Referer 字段，确保请求来源是可信任的。如果 Referer 不是来自同一站点，则拒绝请求。

（3）限制请求方法。CSRF 通常通过 GET 请求进行，因此关键操作应限制为 POST 请求。此外，还可以对敏感操作启用双重认证或其他验证机制。

在 Flask 中，可以使用 Flask-WTF 扩展来实现 CSRF 防御。示例代码如下。

```python
from flask_wtf.csrf import CSRFProtect

app = Flask(__name__)
csrf = CSRFProtect(app)
```

实施这些防御措施，可以显著提高 Web 应用程序的安全性，防止 SQL 注入和 CSRF 等常见攻击。在处理生物信息学数据时，安全性更显得至关重要，开发者应始终保持警惕，确保用户数据的安全。

6.4　登录注册页面渲染

用户登录页面如图 6.1 所示,用户登录成功页面如图 6.2 所示。

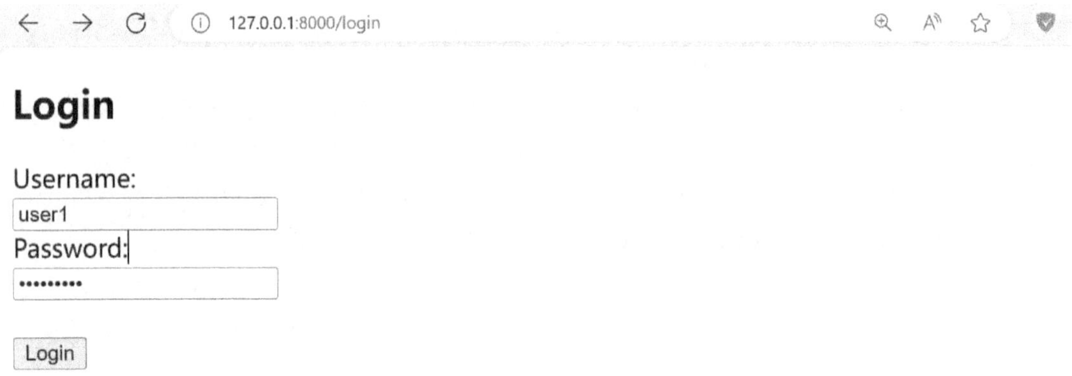

图 6.1　用户登录页面

图 6.2　用户登录成功页面

代码实现分为两个文件:网页代码 login.html 和主程序文件 app.py.login.html 代码如下。

```
<!DOCTYPE html>
<html lang="en">
<head>
    <meta charset="UTF-8">
    <meta name="viewport" content="width=device-width, initial-scale=1.0">
    <title>Login</title>
</head>
<body>
    <h2>Login</h2>
    {% if error %}
        <p>{{ error }}</p>
    {% endif %}
    <form method="post">
        <label for="username">Username:</label><br>
        <input type="text" id="username" name="username"><br>
```

```
            <label for="password">Password:</label><br>
            <input type="password" id="password" name="password"><br><br>
            <input type="submit" value="Login">
        </form>
</body>
</html>
```

app.py 代码如下。

```
from flask import Flask, render_template, request, redirect, url_for

app = Flask(__name__)

# Dummy user database (replace with your actual user database)
users = {
"user1": "password1",
    "user2": "password2"
}

@app.route('/')
def home():
    return 'Welcome to the home page!'

@app.route('/login', methods=['GET', 'POST'])
def login():
    if request.method == 'POST':
        username = request.form['username']
        password = request.form['password']
        if username in users and users[username] == password:
            # Redirect to the user's dashboard upon successful login
            return redirect(url_for('dashboard', username=username))
        else:
            # Render the login page again with an error message
            return render_template('login.html', error='Invalid username or password')

    # If GET request, render the login page
    return render_template('login.html')

@app.route('/dashboard/<username>')
```

```
def dashboard(username):
    return f'Welcome to your dashboard, {username}!'

if __name__ == '__main__':
    app.run(debug=True)
```

主要目录 myproj 下的 app.py 代码如下。

```
from flask import Flask
from myproj import config
from myproj.front import front_bp

from flask_migrate import Migrate
from myproj.models import auth
from myproj.exts import db
app = Flask(__name__)

app.config.from_object(config)

db.init_app(app)

migrate = Migrate(app, db)
# 注册蓝图
app.register_blueprint(front_bp)

if __name__ == '__main__':
    app.run(host="0.0.0.0")
```

在项目 myproj 目录下创建子目录 front，在子目录 front 下创建一个空文件 __init__.py 和 views.py 文件，代码如下。

```
from flask import Blueprint,request,render_template
bp=Blueprint("front",__name__,url_prefix='/front')

@bp.route('/')
def index():
    return 'front index'

@bp.route("/login", methods=['GET', 'POST'])
def login():
    if request.method == 'GET':
```

```
        return render_template("front/login.html")


@bp.route("/register", methods=['GET', 'POST'])
def register():
    if request.method == 'GET':
        return render_template("front/register.html")
```

子目录 front 下的文件 __init__.py 代码如下。

```
from .views import bp as front_bp
```

Bootstrap 3.3.7 是一个经典前端框架，用于快速构建响应式布局和移动优先的网页。下面是一个使用 Bootstrap 3 在 Myproj>templates>front 目录下创建登录页面 login.html 的基本示例代码结构。

```
<!DOCTYPE html>
<html lang="en">
<head>
    <meta charset="utf-8">
    <meta http-equiv="X-UA-Compatible" content="IE=edge">
    <meta name="viewport" content="width=device-width, initial-scale=1">
    <title>Bootstrap 登录页面 </title>

    <!-- Bootstrap CSS -->
    <link  rel="stylesheet"  href="https://maxcdn.bootstrapcdn.com/bootstrap/3.3.7/css/
bootstrap.min.css">

    <!-- HTML5 Shim 和 Respond.js 用于让 IE8 支持 HTML5 元素和媒体查询 -->
    <!-- 注意：如果是为现代浏览器设计，不要包含这些文件！ -->
    <!--[if lt IE 9]>
      <script src="https://oss.maxcdn.com/html5shiv/3.7.3/html5shiv.min.js"></script>
      <script src="https://oss.maxcdn.com/respond/1.4.2/respond.min.js"></script>
    <![endif]-->

    <!-- 自定义样式 -->
    <style>
        body {
            background-size: cover;
            background-position: center;
            opacity: 0.8; /* 设置透明度（可选）*/
```

```
            }
            .login-container {
                width: 300px;
                margin: 0 auto;
                padding-top: 100px;
            }
            .form-signin input[type="text"],
            .form-signin input[type="password"] {
                border-radius: 0;
                box-shadow: none;
                border-color: #ccc;
            }
            /* 更多自定义样式 */
        </style>
    </head>
    <body>

    <div class="container login-container">
        <form class="form-signin">
            <h2 class="form-signin-heading"> 请登录 </h2>
            <label for="inputEmail" class="sr-only"> 用户名 </label>
            <input type="email" id="inputEmail" class="form-control" placeholder=" 用户
名 " required autofocus>
            <label for="inputPassword" class="sr-only"> 密码 </label>
            <input type="password" id="inputPassword" class="form-control" placehold-
er=" 密码 " required>
            <div class="checkbox">
                <label>
                    <input type="checkbox" value="remember-me"> 记住我
                </label>
            </div>
            <button class="btn btn-lg btn-primary btn-block" type="submit"> 登录 </button>
        </form>
    </div>

    <!-- jQuery (Bootstrap 的 JavaScript 插件需要它 ) -->
    <script src="https://ajax.googleapis.com/ajax/libs/jquery/1.12.4/jquery.min.js"></script>
    <!-- 包括所有已编译的插件 -->
```

```
<script src="https://maxcdn.bootstrapcdn.com/bootstrap/3.3.7/js/bootstrap.min.js"></script>

</body>
</html>
```

在 Edge 浏览器地址栏中输入 http://127.0.0.1:5000/front/login，登录页面如图 6.3 所示。

图 6.3　登录页面

在 Bootstrap 3.3.7 版本中创建一个注册页面 register.html，代码如下。

```
<!DOCTYPE html>
<html lang="zh-CN">
<head>
    <meta charset="utf-8">
    <meta name="viewport" content="width=device-width, initial-scale=1">
    <!-- 引入 Bootstrap 核心 CSS 文件 -->
    <link  rel="stylesheet"  href="https://maxcdn.bootstrapcdn.com/bootstrap/3.3.7/css/
bootstrap.min.css">
    <!-- HTML5 Shim 和 Respond.js 用于让 IE8 支持 HTML5 元素和媒体查询 -->
    <!--[if lt IE 9]>
      <script src="https://oss.maxcdn.com/html5shiv/3.7.3/html5shiv.min.js"></script>
      <script src="https://oss.maxcdn.com/respond/1.4.2/respond.min.js"></script>
    <![endif]-->
</head>
<body>

<div class="container">
    <h2> 用户注册 </h2>
```

```
        <form class="form-horizontal" role="form" action="/your-registration-url" method="POST">
            <div class="form-group">
                <label for="inputEmail3" class="col-sm-2 control-label"> 邮箱 </label>
                <div class="col-sm-10">
                    <input type="email" class="form-control" id="inputEmail3" placeholder=" 请输入您的邮箱地址 " required>
                </div>
            </div>
            <div class="form-group">
                <label for="inputPassword3" class="col-sm-2 control-label"> 密码 </label>
                <div class="col-sm-10">
                    <input type="password" class="form-control" id="inputPassword3" placeholder=" 请输入您的密码 " required>
                </div>
            </div>
            <div class="form-group">
                <label for="inputConfirmPassword" class="col-sm-2 control-label"> 确认密码 </label>
                <div class="col-sm-10">
                    <input type="password" class="form-control" id="inputConfirmPassword" placeholder=" 请再次输入密码以确认 " required>
                </div>
            </div>
            <div class="form-group">
                <label for="inputUsername" class="col-sm-2 control-label"> 用户名 </label>
                <div class="col-sm-10">
                    <input type="text" class="form-control" id="inputUsername" placeholder=" 请输入您的用户名 " required>
                </div>
            </div>
            <!-- 更多表单字段,例如姓名、电话、地址等... -->

            <div class="form-group">
                <div class="col-sm-offset-2 col-sm-10">
                    <button type="submit" class="btn btn-primary"> 注册 </button>
                </div>
            </div>
```

```
    </form>
</div>

<!-- 引入 jQuery (Bootstrap 的 JavaScript 插件依赖于它 ) -->
<script src="https://ajax.googleapis.com/ajax/libs/jquery/1.12.4/jquery.min.js"></script>
<!-- 引入 Bootstrap 的所有 JavaScript 插件。你也可以根据需要只包含单独的插件。 -->
<script src="https://maxcdn.bootstrapcdn.com/bootstrap/3.3.7/js/bootstrap.min.js"></script>

</body>
</html>
```

在 Edge 浏览器地址栏中输入 127.0.0.1:5000/front/register，注册页面如图 6.4 所示。

图 6.4　注册页面

第 7 章　Web 服务与 API 开发

7.1　RESTful API 的设计与实现

7.1.1　REST 架构风格

REST(Representational State Transfer,表述性状态传递)是一种用于设计网络服务的架构风格。RESTful API 遵循这一架构风格,使用 HTTP 协议进行通信,利用 URL 表示资源,通过 HTTP 方法(如 GET、POST、PUT、DELETE 等)对资源进行操作。RESTful API 广泛应用于现代 Web 应用开发中,特别是在微服务和分布式系统中。

REST 定义了在分布式系统中资源的创建、读取、更新和删除操作的标准。REST 的核心概念包括以下几个方面。

1. 资源(Resource)

在 REST 中,资源是服务器上可命名的对象或实体,通常通过 URL 进行唯一标识。例如,/users 可能代表用户资源,/orders 可能代表订单资源。

2. 表示(Representation)

客户端与服务器通过资源的表示进行交互。表示可以是 JSON、XML、HTML 等格式,通常 JSON 格式在 RESTful API 中最为常用。

3. 状态转移(State Transfer)

客户端通过 HTTP 动词(GET、POST、PUT、DELETE)来操作资源,这些操作会导致资源状态的变化。每个操作都对应着资源的不同状态转移。

4. 无状态性(Statelessness)

RESTful API 是无状态的,每次请求都应该包含所有必要的信息,服务器不会在请求之间存储客户端的状态。这样可以提高系统的可扩展性和可靠性。

7.1.2　设计原则

1. 资源的定义与 URL 设计

资源是 API 的核心对象,包括用户、订单、产品等。每个资源应具有唯一的 URL 路径,通常使用名词表示,如 /users、/orders 等。

URL 应尽量保持简洁、直观,并遵循层级关系。例如,用户订单的 URL 可以设计为 /users/{user_id}/orders/{order_id}。

2. HTTP 方法的使用

(1)使用 HTTP 方法表示不同的操作：GET 用于读取资源，POST 用于创建资源，PUT 用于更新资源,DELETE 用于删除资源。

(2)避免在 URL 中使用动词,动作应该通过 HTTP 方法来表达。

3. 状态与无状态性

(1)每个 HTTP 请求都应是独立的,即具有无状态性。服务器不应在不同请求之间保存客户端的上下文信息。

(2)客户端的状态应该保存在客户端,可以通过查询参数或请求体来传递必要的状态信息。

4. 响应格式与状态码

(1)API 的响应通常使用 JSON 格式,并包含适当的 HTTP 状态码。例如,成功的 GET 请求应返回状态码 200,创建资源成功的 POST 请求应返回状态码 201。

(2)在出错时,应返回适当的错误信息和状态码,例如状态码 404 表示资源未找到,状态码 400 表示请求参数错误。

5. 分页、过滤与排序

为了提高性能,API 设计常需要实现分页、过滤和排序功能。分页功能通常通过查询参数来实现,如?page=2&limit=20,过滤和排序功能可以使用类似的查询参数。

7.1.3　实现过程

1. 创建资源模型

在开始 API 开发前,先定义 API 所需的资源模型。可以使用数据表或类来表示这些模型,并设计好属性与关系。

2. 路由与控制器

使用框架(如 Flask、Django 等)为每个资源定义路由,并在控制器中实现具体的业务逻辑。控制器接收请求、调用模型层处理数据,并返回响应。

3. 处理请求与响应

处理 HTTP 请求时,解析 URL 路径和查询参数,验证请求数据的合法性。在返回响应时,设置合适的 HTTP 状态码,并格式化响应数据。

4. 测试与文档

编写单元测试或集成测试来验证 API 的功能,确保每个接口都按照预期工作。还应编写清晰的 API 文档,说明每个接口的用途、请求参数和返回格式,方便开发者使用。

7.1.4　案例:用户管理 API 的实现

下面是一个使用 Flask 框架实现用户管理 RESTful API 的简单示例,包括用户的创建、查询、更新和删除操作。

1. 安装 Flask

确保系统安装了 Flask。

2. 定义基本结构

创建一个 Flask 应用,并定义用户的基本数据结构。在本示例中,用户数据将被保存在内存中作为一个简单的列表。示例代码如下。

```python
from flask import Flask, jsonify, request, abort

app = Flask(__name__)

# 临时存储用户数据的列表（模拟数据库）
users = []

# 用户 ID 生成器
def generate_user_id():
    if users:
        return users[-1]['id'] + 1
    else:
        return 1
```

3. 实现用户管理的 CRUD 操作

（1）创建用户：通过 POST 请求创建新用户。客户端发送用户数据，服务器生成唯一的用户 ID 并保存数据。示例代码如下。

```python
@app.route('/users', methods=['POST'])
def create_user():
    if not request.json or not 'name' in request.json:
        abort(400)  # 请求体中缺少必要的“name”字段

    user = {
        'id': generate_user_id(),
        'name': request.json['name'],
        'email': request.json.get('email', ''),
    }
    users.append(user)
    return jsonify(user), 201
```

（2）查询用户：通过 GET 请求获取所有用户或单个用户的详细信息。示例代码如下。

```python
@app.route('/users', methods=['GET'])
def get_users():
    return jsonify(users), 200
```

```
@app.route('/users/<int:user_id>', methods=['GET'])
def get_user(user_id):
    user = next((user for user in users if user['id'] == user_id), None)
    if user is None:
        abort(404)  # 用户未找到
    return jsonify(user), 200
```

（3）更新用户：通过 PUT 请求更新用户信息。示例代码如下。

```Python
@app.route('/users/<int:user_id>', methods=['PUT'])
def update_user(user_id):
    user = next((user for user in users if user['id'] == user_id), None)
    if user is None:
        abort(404)  # 用户未找到

    if not request.json:
        abort(400)  # 请求体无效

    user['name'] = request.json.get('name', user['name'])
    user['email'] = request.json.get('email', user['email'])
    return jsonify(user), 200
```

（4）删除用户：通过 DELETE 请求删除用户。示例代码如下。

```Python
@app.route('/users/<int:user_id>', methods=['DELETE'])
def delete_user(user_id):
    user = next((user for user in users if user['id'] == user_id), None)
    if user is None:
        abort(404)  # 用户未找到

    users.remove(user)
    return '', 204
```

4. 运行应用

运行 Flask 应用。示例代码如下。

```Python
if __name__ == '__main__':
    app.run(debug=True)
```

5. 测试 API

可以使用 Postman 或 cURL 测试以下端点。

```
POST /users: 创建新用户
GET /users: 获取所有用户
GET /users/<user_id>: 获取指定 ID 的用户
PUT /users/<user_id>: 更新指定 ID 的用户信息
DELETE /users/<user_id>: 删除指定 ID 的用户
```

(1)创建用户代码如下。

```bash
curl -X POST -H "Content-Type: application/json" -d '{"name": "John Doe", "email": "john@example.com"}' http://localhost:5000/users
```

(2)查询所有用户代码如下。

```bash
curl -X GET http://localhost:5000/users
```

这个简单的用户管理 API 示例展示了如何使用 Flask 框架实现 RESTful API 的基本 CRUD 操作。在实际生产环境中,用户可能需要连接数据库(如 SQLite、PostgreSQL)并添加更多功能,如认证、权限控制、数据验证和错误处理等。

7.2 与外部 API 的集成

7.2.1 了解外部 API 的基本概念

API:应用程序之间进行通信的接口,允许不同的软件系统进行数据交换和功能调用。

REST API:最常见的 Web API 类型,基于 HTTP 协议,使用 URL 访问资源,通常返回 JSON 或 XML 格式的数据。

API 文档:使用 API 时必须依赖 API 文档,以了解可用的资源、请求的参数和返回的数据格式。

7.2.2 使用 Ensembl API 访问基因组数据

Ensembl 是一个提供基因组信息的生物信息数据库,可以通过 REST API 访问。

1. 使用 Ensembl API 的步骤

(1)查阅 Ensembl API 文档:访问 Ensembl REST API 文档,了解可用的端点(endpoints)、请求方法(GET、POST)和参数。

(2)发送请求:使用编程语言(如 Python、JavaScript)发送 HTTP 请求,获取基因组信息。例如,获取某个基因的信息,可以发送以下 GET 请求。

```bash
GET https://rest.ensembl.org/lookup/id/ENSG00000139618?content-type=application/json
```

其中 ENSG00000139618 是 BRCA2 基因的 Ensembl ID。

（3）处理响应数据：响应数据通常为 JSON 格式，可以使用编程语言的 JSON 库来解析数据。示例代码如下。

```Python
import requests

url = "https://rest.ensembl.org/lookup/id/ENSG00000139618"
headers = {"Content-Type": "application/json"}
response = requests.get(url, headers=headers)

if response.ok:
    data = response.json()
    print("Gene Name:", data["display_name"])
    print("Location:", data["location"])
else:
    print("Error:", response.status_code)
```

2. 应用场景

Ensembl API 可用于查询基因的基本信息、转录本信息、基因的变异信息等，帮助科学家和生物信息学家在研究中快速获取所需数据。

7.2.3　使用 PDB API 获取蛋白质结构信息

PDB（蛋白质数据银行）提供丰富的蛋白质结构数据，同样可以通过 API 访问。

1. 使用 PDB API 的步骤

（1）查阅 PDB API 文档：访问 RCSB PDB API 文档，了解如何通过 API 获取蛋白质结构数据。

（2）发送请求：获取某个蛋白质的结构信息，可以发送如下 GET 请求。

```bash
GET https://data.rcsb.org/rest/v1/core/entry/4HHB
```

其中 4HHB 是血红蛋白的 PDB ID。

（3）处理响应数据：响应数据通常为 JSON 格式，可以用编程语言进行解析。示例代码如下。

```Python
import requests
```

```
url = "https://data.rcsb.org/rest/v1/core/entry/4HHB"
response = requests.get(url)

if response.ok:
    data = response.json()
    print("Protein Name:", data["struct"]["title"])
    print("Resolution:", data["rcsb_entry_info"]["resolution_combined"][0])
else:
    print("Error:", response.status_code)
```

2. 应用场景

PDB API 可用于获取蛋白质的三维结构、功能注释、文献参考等信息，支持药物设计、分子模拟等应用。

7.2.4 常见挑战与解决方案

（1）API 限流：API 提供者通常会对请求数量进行限制。解决方案包括使用缓存、分批处理请求以及与 API 提供者协商获取更高的请求配额。

（2）数据解析与错误处理：处理 API 响应时，要考虑到可能的错误响应（如 404 Not Found）。建议使用异常处理机制来捕获和处理错误。

（3）数据格式与兼容性：不同 API 的数据格式可能有所不同（如 JSON、XML）。使用通用的解析库并熟悉 API 文档中的数据结构，有助于高效处理响应数据。

7.2.5 结合实际项目进行 API 集成

在实际教学中，可以结合具体的生物信息项目来进行 API 集成。

7.2.5.1 基因数据分析

基因数据分析是指通过 Ensembl API 获取特定基因的信息并进行分析。

1. 项目背景

假设有一个基因数据分析的项目，需要从 Ensembl 数据库获取特定基因的信息，并对其进行分析。Ensembl 是一个集成基因组数据的平台，提供了丰富的 API，供用户访问基因、变异、注释等信息。

2. 目标

通过调用 Ensembl RESTful API，获取指定基因的基本信息，并展示如何使用 Python 进行数据分析。

3. 安装必要的 Python 库

确保安装了必要的 Python 库，如 Requests 和 Pandas。示例代码如下。

```bash
pip install requests pandas
```

4. 使用 Ensembl API 获取基因信息

可以通过 Ensembl RESTful API 获取基因的基本信息，例如基因的名称、基因组位置、转录本等。示例代码如下。

```
Python
```

```python
import requests
import pandas as pd

def get_gene_info(gene_name):
    """ 从 Ensembl 获取指定基因的信息 """
    server = "https://rest.ensembl.org"
    ext = f"/lookup/symbol/homo_sapiens/{gene_name}?expand=1"

    headers = {"Content-Type": "application/json"}
    response = requests.get(server + ext, headers=headers)

    if not response.ok:
        response.raise_for_status()
        return None

    return response.json()

# 示例：获取 BRCA1 基因的信息
gene_name = "BRCA1"
gene_info = get_gene_info(gene_name)

if gene_info:
    print("Gene:", gene_info['display_name'])
    print("Location:", gene_info['seq_region_name'], gene_info['start'], "-", gene_info['end'])
    print("Biotype:", gene_info['biotype'])
    print("Description:", gene_info['description'])
```

5. 分析基因数据

可以进一步分析获取的基因数据。例如，可以提取该基因的所有转录本信息，并分析每个转录本的长度和其他注释信息。示例代码如下。

```
Python
```

```python
def analyze_transcripts(gene_info):
    """ 分析基因的转录本信息 """
```

```
        transcripts = gene_info.get('Transcript', [])

        transcript_data = []
        for transcript in transcripts:
            transcript_data.append({
                'ID': transcript['id'],
                'Biotype': transcript['biotype'],
                'Start': transcript['start'],
                'End': transcript['end'],
                'Length': transcript['end'] - transcript['start'] + 1
            })

        df = pd.DataFrame(transcript_data)
        return df

    # 分析 BRCA1 基因的转录本
    if gene_info:
        transcript_df = analyze_transcripts(gene_info)
        print(transcript_df)
```

6. 扩展和集成

（1）可视化：可以进一步将转录本的长度信息进行可视化，如绘制柱状图或箱线图，展示不同转录本的长度分布。

（2）扩展分析：可以结合其他生物信息学工具或数据库（如 NCBI、UCSC）进一步分析这些转录本的功能、变异情况或表达模式。

（3）集成到 Web 应用：将 API 集成到 Flask 或 Django 应用中，并提供一个简单的 Web 界面，用户输入基因名称后，网页上展示基因及其转录本的相关信息。

综上所述，通过结合实际项目进行的 API 的集成教学，学生不仅可以学习到 API 的基本使用方法，还能够通过实际操作理解 API 在科研和数据分析中的重要作用。这种教学方法极大地提高了学生的学习兴趣和动手能力，使他们能够更好地掌握 API 集成和应用的技能。

7.2.5.2 蛋白质结构可视化

蛋白质结构可视化是指使用 PDB API 获取蛋白质结构数据，并结合 3D 渲染工具进行可视化展示。

在生物信息学中，蛋白质结构的可视化是理解其功能和与其他分子的相互作用的重要步骤。通过使用 PDB API，可以获取蛋白质的结构数据，并利用 3D 渲染工具进行可视化展示。下面通过一个简单的案例，展示如何实现这一过程。

1. 项目背景

首先使用 RCSB PDB（Research Collaboratory for Structural Bioinformatics Protein Data Bank）的 RESTful API 来获取蛋白质的结构数据。获取的数据通常为 PDB 格式，其中包含蛋白质原子的三维坐标。其次，使用 3D 渲染工具（如 PyMOL 或 nglview）进行可视化展示。

2. 安装必要的 Python 库

安装用于获取数据和进行 3D 渲染的库。示例代码如下。

```bash
pip install requests nglview biopython
```

其中，nglview 是一个基于 NGL.js 的 Jupyter Notebook 插件，用于在 Jupyter Notebook 中进行分子结构的 3D 渲染。biopython 提供了处理生物数据的工具。

3. 使用 PDB API 获取蛋白质结构数据

通过 PDB API 获取指定蛋白质的 PDB 格式数据，例如，获取 PDB ID 为"1A2B"的蛋白质结构数据，示例代码如下。

```Python
import requests

def get_pdb_structure(pdb_id):
    """ 从 PDB API 获取指定蛋白质结构的 PDB 数据 """
    url = f"https://files.rcsb.org/download/{pdb_id}.pdb"
    response = requests.get(url)

    if response.status_code == 200:
        return response.text
    else:
        return None

# 示例：获取 PDB ID 为 1A2B 的蛋白质结构数据
pdb_id = "1A2B"
pdb_data = get_pdb_structure(pdb_id)

if pdb_data:
    print(f"PDB Data for {pdb_id}:\n", pdb_data[:500])  # 打印部分 PDB 数据
```

4. 3D 渲染蛋白质结构

使用 nglview 在 Jupyter Notebook 中渲染蛋白质结构。可以将 PDB 数据加载到一个分子视图中，并使用内置的 3D 视图工具来查看蛋白质结构。示例代码如下。

```Python
import nglview as nv
from io import StringIO
from Bio.PDB import PDBParser

def render_pdb_structure(pdb_data):
    """ 使用 nglview 渲染 PDB 数据的 3D 结构 """
    pdb_io = StringIO(pdb_data)
    parser = PDBParser(QUIET=True)
    structure = parser.get_structure("protein", pdb_io)

    view = nv.show_biopython(structure)
    view.add_cartoon()
    return view

if pdb_data:
    view = render_pdb_structure(pdb_data)
    view
```

在 Jupyter Notebook 中运行上述代码后，可以看到一个可交互的 3D 模型，展示了指定蛋白质的结构。

5. 可视化扩展

（1）颜色编码：可以通过使用不同的颜色对蛋白质的结构元素（如 α 螺旋、β 折叠）进行区分。

（2）标签和注释：添加标签以标注重要的残基或活性位点。

（3）动态视图：通过动画展示蛋白质的折叠过程或与其他分子的相互作用。

综上所述，通过结合 PDB API 和 3D 渲染工具，可以实现蛋白质结构的动态可视化。PDB API 和 3D 渲染工具是生物学家理解蛋白质功能和药物设计的重要工具。在教学中，通过实际项目展示如何获取和可视化蛋白质结构数据，学生能够更好地掌握生物信息学中的关键技术。

7.2.5.3 总结

通过实际项目的练习，学生可以更好地理解与外部 API 集成的实际步骤与技巧，掌握如何利用 API 来获取生物信息数据并进行处理和分析。

7.3　数据的格式化与传输

7.3.1　数据格式化的基本概念

数据格式化是指将数据按照特定的规则和结构组织起来，使其能够被程序或系统解析和处理。在 Web 服务中，常见的数据格式包括 JSON、XML、YAML、CSV 等。

数据传输是指在不同的系统或应用程序之间通过网络传递数据。格式化后的数据可以通过 HTTP 协议在客户端和服务器之间进行传输。

7.3.2　JSON 数据格式

JSON（JavaScript Object Notation）是一种轻量级的数据交换格式。

1. JSON 数据格式的特点

（1）结构简单、易读易写。JSON 使用键值对（key-value pairs）来表示数据，结构简单清晰，易于阅读和编写。

（2）与编程语言无关。虽然 JSON 基于 JavaScript 语法，但它与多种编程语言兼容，几乎所有现代编程语言都支持 JSON 的解析和生成。

（3）高效传输。由于 JSON 格式相对紧凑，传输时占用的带宽较少，适合 Web 应用的数据交换。

JSON 结构示例代码如下。

```json
JSON
{
  "name": "John Doe",
  "age": 30,
  "email": "john.doe@example.com",
  "address": {
    "street": "123 Main St",
    "city": "Anytown",
    "postalCode": "12 345"
  },
  "phoneNumbers": ["123-456-7890", "098-765-4321"]
}
```

2. JSON 在 Web 服务中的应用

（1）API 响应。服务器通过 API 将数据以 JSON 格式返回客户端。例如，查询用户信息时，API 返回用户的详细信息，客户端可以直接解析 JSON 数据并将数据展示在界面上。

（2）数据交换。不同的 Web 服务之间可以通过 JSON 格式交换数据。例如，社交媒体平台之间的数据共享、在线支付系统的数据传输等。

JSON 解析与生成示例代码(使用 Python)如下。

```python
import json

# 将字典转换为 JSON 字符串
data = {
    "name": "John Doe",
    "age": 30,
    "email": "john.doe@example.com"
}
json_str = json.dumps(data)
print("JSON String:", json_str)

# 将 JSON 字符串解析为字典
parsed_data = json.loads(json_str)
print("Parsed Data:", parsed_data)
```

7.3.3 XML 数据格式

XML(eXtensible Markup Language)是一种标记语言,用于描述数据。

1. XML 的特点

(1)结构化。XML 使用标签(tags)来定义数据结构,允许嵌套,适合描述层次化的数据。

(2)可扩展性。XML 标签是自定义的,可以根据需要定义任意标签,具有很强的灵活性。

(3)广泛使用。虽然 XML 比 JSON 稍显复杂,但由于其可扩展性和自描述性,仍在许多领域(如配置文件、文档格式、SOAP Web 服务)得到广泛应用。

XML 结构示例代码如下。

```xml
<Person>
  <Name>John Doe</Name>
  <Age>30</Age>
  <Email>john.doe@example.com</Email>
  <Address>
    <Street>123 Main St</Street>
    <City>Anytown</City>
    <PostalCode>12 345</PostalCode>
  </Address>
```

```
    <PhoneNumbers>
        <PhoneNumber>123-456-7890</PhoneNumber>
        <PhoneNumber>098-765-4321</PhoneNumber>
    </PhoneNumbers>
</Person>
```

2. XML 在 Web 服务中的应用

（1）SOAP Web 服务。XML 是 SOAP（Simple Object Access Protocol）协议的核心，广泛用于企业级的 Web 服务通信。

（2）配置文件。许多应用程序使用 XML 来保存配置数据，如 Spring 框架的配置文件、Android 应用的布局文件等。

XML 解析与生成示例代码（使用 Python 的 xml.etree.ElementTree 库）如下。

```python
import xml.etree.ElementTree as ET

# 解析 XML 字符串
xml_data = """
<Person>
    <Name>John Doe</Name>
    <Age>30</Age>
    <Email>john.doe@example.com</Email>
</Person>
"""
root = ET.fromstring(xml_data)
print("Name:", root.find("Name").text)
print("Age:", root.find("Age").text)
print("Email:", root.find("Email").text)

# 生成 XML 字符串
person = ET.Element("Person")
name = ET.SubElement(person, "Name")
name.text = "John Doe"
age = ET.SubElement(person, "Age")
age.text = "30"
email = ET.SubElement(person, "Email")
email.text = "john.doe@example.com"

xml_str = ET.tostring(person, encoding="unicode")
```

```
print("XML String:", xml_str)
```

7.3.4 JSON 与 XML 的比较

JSON 与 XML 的比较见表 7.1。

表 7.1 JSON 与 XML 的比较

特性	JSON	XML
可读性	简洁易读,类似 JavaScript 语法	结构化,但标签较多,稍显冗长
解析难度	容易解析,支持多种编程语言	解析稍复杂,需处理标签和属性
数据类型支持	支持原生数据类型(如字符串、数值)	数据需作为字符串处理,需手动转换
扩展性	不支持自定义数据格式,结构固定	支持自定义标签,灵活性强
应用场景	轻量级 Web 应用、API 数据交换	企业级应用、配置文件、文档格式

7.3.5 数据格式化与传输中的常见问题

数据格式化与传输中的常见问题如下。

(1)数据一致性。在数据传输过程中,保持数据格式和内容的一致性非常重要。需要注意数据的编码格式(如 UTF-8)和解析过程中的数据完整性。

(2)性能与效率。JSON 属于轻量级应用,传输速度更快,适合对实时性要求较高的应用。XML 适用于需要自描述数据和复杂层次结构的场景,但解析效率较低。

(3)安全性。在传输过程中,尤其是涉及敏感数据时,需确保数据传输的安全性,通常需要结合 HTTPS、数据加密等措施。

在 Web 服务与 API 开发中,数据的格式化与传输是核心内容。掌握 JSON 和 XML 等数据格式的使用方法、各自的优缺点及其应用场景,可以帮助开发者选择适合的格式来实现数据交换与服务集成。理解并熟练使用这些格式,可以显著提升开发效率和系统性能,并确保数据在传输过程中的安全性和一致性。

第 8 章　前端开发与用户体验

8.1　前端框架的选择

8.1.1　前端框架的基本概念

(1)前端框架。前端框架是一组预构建的代码库和工具,可以帮助开发者快速构建用户界面(UI)和用户体验(UX)。这些框架通常包括组件库、路由管理、状态管理等功能。

(2)单页应用(SPA)。现代前端框架通常用于构建单页应用,用户可以在同一个页面上进行交互,而无须重新加载整个页面。

8.1.2　常见的前端框架

1. React

React 是一个用于构建用户界面的开源 JavaScript 库,由 Facebook(脸书)开发并维护。它的核心概念是"组件化"和"虚拟 DOM"。

React 的优点如下。

(1)组件化开发:易于构建和维护复杂的用户界面。

(2)虚拟 DOM:通过虚拟 DOM 的差异化更新提升性能。

(3)丰富的生态系统:有大量的第三方库和工具支持。

React 的缺点如下。

(1)学习曲线:需要掌握 JSX、状态管理(如 Redux)等。

(2)灵活性:由于灵活性高,新手容易面临选择过多的困扰。

2. Vue.js

Vue.js 是一个渐进式 JavaScript 框架,由 Evan You 开发。它简单易学,同时也适合构建大型应用。

Vue.js 的优点如下。

(1)简单易学:比 React 和 Angular 更容易上手。

(2)双向数据绑定:简化了 UI 与数据的同步操作。

(3)灵活性:可以渐进式地引入,适应不同项目的需求。

Vue.js 的缺点为生态系统相对较小。虽然 Vue.js 的生态系统在不断发展,但与 React 相比,支持的工具和资源相对较少。

3. Angular

Angular 是一个功能完备的框架,适合构建复杂的企业级应用,由 Google 开发和维护。

Angular 的优点如下。

(1)全面的解决方案:包括路由、表单处理、HTTP 请求、测试等功能,适合构建大型应用。

(2)强类型支持:与 TypeScript 集成,提升代码的健壮性和可维护性。

(3)官方支持的工具:如 Angular CLI,可以快速生成项目骨架并管理依赖。

Angular 的缺点如下。

(1)学习曲线陡峭:由于功能丰富,学习难度较大。

(2)复杂性:对于简单的项目来说,Angular 可能显得过于复杂。

4. Svelte

Svelte 是一个与其他框架不同的前端框架,因为它在编译时将代码转换为高效的原生 JavaScript。

Svelte 的优点如下。

(1)无虚拟 DOM:直接操作 DOM,性能更高。

(2)编译时优化:在编译时生成高效的代码,减少了运行时的开销。

(3)简洁易学:语法简单,容易上手。

Svelte 的缺点如下。

(1)较新的框架:社区和生态系统相对较小。

(2)工具链支持:相比其他成熟框架,工具链可能不够丰富。

8.1.3 如何选择合适的前端框架

1. 项目规模与复杂性

(1)小型项目。如果是一个小型项目或个人项目, Vue.js 或 Svelte 可能更适合,因为它们的学习曲线较平缓,开发速度快。

(2)中型项目。React 是一个适合中型项目的框架,特别是在需要丰富的第三方支持和社区资源时。

(3)大型或企业级项目。对于大型项目, Angular 是一个不错的选择,因为它提供了全面的解决方案,并且有强大的官方支持。

2. 团队技术栈

(1)现有技术栈。如果团队已经熟悉某个框架,如 React 或 Angular,那么选择该框架可能更高效,因为可以减少学习时间和转换成本。

(2)人才市场。考虑团队成员的技术背景以及市场上熟练掌握某个框架的开发者的可用性。

3. 项目的性能需求

(1)性能要求高。如果项目对性能要求特别高,如需要在低端设备或高交互环境下运行,那么 Svelte 更适合。

(2)平衡性能与开发效率。React 和 Vue.js 能兼顾平衡性能和开发效率,适合大多数应用场景。

4. 生态系统与社区支持

(1)工具和库的丰富性。React 有着非常丰富的生态系统,支持的工具和库非常多,适合需要集成各种第三方功能的项目。

(2)社区支持。框架的社区支持很重要,因为它影响解决问题的速度。React 和 Vue.js 拥有活跃的社区,用于解决问题的资源较多。

5. 未来可维护性

(1)代码的可维护性。考虑框架的设计理念是否有助于维护代码。例如, Angular 的强类型支持和结构化的开发方式有助于代码的长期维护。

(2)长期支持(LTS)。选择有长期支持计划的框架,确保未来的项目维护不会因为框架的不再更新或社区支持减少而受到影响。

8.1.4　实践与案例分析

(1)示例项目。可以通过小型项目实践不同的框架,进一步理解它们的优缺点。例如,构建一个简单的待办事项应用(To-do List)来体验 React、Vue.js 和 Angular 的开发过程。

(2)案例分析。分析一些知名项目或公司使用某个框架的成功经验。例如, Facebook 使用 React,Google 使用 Angular。

8.1.4.1　React 开发案例

下面是一个使用 React 构建简单待办事项应用的案例,涵盖项目结构、主要功能实现以及一些关键代码段的解释。

1. 项目结构

使用 create-react-app 来初始化 React 项目。示例代码如下。

```bash
npx create-react-app todo-app
cd todo-app
```

项目目录结构如下。

```java
todo-app/
 |
 ├── public/
 |   └── index.html
 ├── src/
 |   ├── components/
 |   |   ├── TodoItem.js
 |   |   ├── TodoList.js
 |   |   └── TodoForm.js
 |   ├── App.js
 |   ├── index.js
 |   └── App.css
```

```
├── package.json
└── README.md
```

2. 关键组件

在这个项目中，可以将待办事项应用分为以下几个主要组件。

（1）TodoItem.js：用于显示单个待办事项的标题和状态。示例代码如下。

```javascript
import React from 'react';

function TodoItem({ todo, toggleTodo, deleteTodo }) {
  return (
    <div>
      <input
        type="checkbox"
        checked={todo.completed}
        onChange={() => toggleTodo(todo.id)}
      />
      <span style={{ textDecoration: todo.completed ? 'line-through' : 'none' }}>
        {todo.title}
      </span>
      <button onClick={() => deleteTodo(todo.id)}>Delete</button>
    </div>
  );
}

export default TodoItem;
```

（2）TodoList.js：用于显示所有待办事项，利用 map 函数遍历每个 TodoItem。示例代码如下。

```javascript
import React from 'react';
import TodoItem from './TodoItem';

    <div>
      {todos.map(todo => (
        <TodoItem
          key={todo.id}
          todo={todo}
          toggleTodo={toggleTodo}
```

```
            deleteTodo={deleteTodo}
          />
        ))}
      </div>
    );
  }

export default TodoList;
```

（3）TodoForm.js：用于添加新的待办事项。示例代码如下。

```javascript
import React, { useState } from 'react';

function TodoForm({ addTodo }) {
  const [input, setInput] = useState('');

  const handleSubmit = (e) => {
    e.preventDefault();
    if (input.trim()) {
      addTodo(input);
      setInput('');
    }
  };

  return (
    <form onSubmit={handleSubmit}>
      <input
        type="text"
        value={input}
        onChange={(e) => setInput(e.target.value)}
        placeholder="Add a new task..."
      />
      <button type="submit">Add</button>
    </form>
  );
}

export default TodoForm;
```

3. 主应用逻辑

在 App.js 中,可以将这些组件组合起来,并管理待办事项的状态。示例代码如下。

```javascript
import React, { useState } from 'react';
import TodoList from './components/TodoList';
import TodoForm from './components/TodoForm';

function App() {
  const [todos, setTodos] = useState([
    { id: 1, title: 'Learn React', completed: false },
    { id: 2, title: 'Build a To-Do App', completed: false },
  ]);

  const addTodo = (title) => {
    const newTodo = {
      id: todos.length + 1,
      title,
      completed: false
    };
    setTodos([...todos, newTodo]);
  };

  const toggleTodo = (id) => {
    setTodos(
      todos.map(todo =>
        todo.id === id ? { ...todo, completed: !todo.completed } : todo
      )
    );
  };

  const deleteTodo = (id) => {
    setTodos(todos.filter(todo => todo.id !== id));
  };

  return (
    <div className="App">
      <h1>To-Do List</h1>
      <TodoForm addTodo={addTodo} />
```

```
      <TodoList todos={todos} toggleTodo={toggleTodo} deleteTodo={deleteTodo} />
    </div>
  );
}

export default App;
```

4. 样式(可选)

在 App.css 中,可以通过添加一些简单的样式来美化应用。示例代码如下。

```css
.App {
  text-align: center;
}

input[type="text"] {
  padding: 8px;
  width: 200px;
  margin-right: 8px;
}

button {
  padding: 8px 16px;
  cursor: pointer;
}

button:hover {
  background-color: #ddd;
}

span {
  margin-left: 8px;
}
```

5. 运行应用

在项目目录下通过运行以下命令来启动应用。

```bash
npm start
```

6. 功能展示

在浏览器中打开 http://localhost:3000，开发者将看到一个简单的待办事项应用，可以添加新任务、标记任务为已完成以及删除任务。

通过这个简单的 React 项目，开发者可以理解 React 组件的基本构建方式、状态管理以及组件间的交互，还可以在这个项目的基础上进一步扩展功能，如引入 Redux 进行复杂状态管理、使用 React Router 添加路由等。

8.1.4.2　vue.js 开发案例

下面是一个使用 Vue.js 构建简单待办事项应用的案例，涵盖项目结构、主要功能实现以及一些关键代码段的解释。

1. 项目结构

使用 Vue CLI 来初始化 Vue 项目。示例代码如下。

```bash
vue create todo-app
cd todo-app
```

项目目录结构如下。

```css
todo-app/
│
├── public/
│   └── index.html
├── src/
│   ├── components/
│   │   ├── TodoItem.vue
│   │   ├── TodoList.vue
│   │   └── TodoForm.vue
│   ├── App.vue
│   ├── main.js
│   └── assets/
├── package.json
└── README.md
```

2. 关键组件

在这个项目中，可以将待办事项应用分为以下几个主要组件。

（1）TodoItem.vue：用于显示单个待办事项的标题和状态。示例代码如下。

```vue
<template>
  <div>
```

```
    <input
      type="checkbox"
      v-model="todo.completed"
      @change="$emit('toggle-todo', todo.id)"
    />
    <span :style="{ textDecoration: todo.completed ? 'line-through' : 'none' }">
      {{ todo.title }}
    </span>
    <button @click="$emit('delete-todo', todo.id)">Delete</button>
  </div>
</template>

<script>
export default {
  props: {
    todo: Object
  }
};
</script>
```

（2）TodoList.vue：用于显示所有待办事项，利用 v-for 指令遍历每个 TodoItem。示例代码如下。

```vue
<template>
  <div>
    <TodoItem
      v-for="todo in todos"
      :key="todo.id"
      :todo="todo"
      @toggle-todo="toggleTodo"
      @delete-todo="deleteTodo"
    />
  </div>
</template>

<script>
import TodoItem from './TodoItem.vue';
```

```
export default {
  components: { TodoItem },
  props: {
    todos: Array
  },
  methods: {
    toggleTodo(id) {
      this.$emit('toggle-todo', id);
    },
    deleteTodo(id) {
      this.$emit('delete-todo', id);
    }
  }
};
</script>
```

（3）TodoForm.vue：用于添加新的待办事项。示例代码如下。

```vue
<template>
  <form @submit.prevent="handleSubmit">
    <input
      type="text"
      v-model="input"
      placeholder="Add a new task..."
    />
    <button type="submit">Add</button>
  </form>
</template>

<script>
export default {
  data() {
    return {
      input: ''
    };
  },
  methods: {
    handleSubmit() {
```

```
          if (this.input.trim()) {
            this.$emit('add-todo', this.input);
            this.input = '';
          }
        }
      }
    };
    </script>
```

3. 主应用逻辑

在 App.vue 中,可以将这些组件组合起来,并管理待办事项的状态。示例代码如下。

```vue
<template>
  <div id="app">
    <h1>To-Do List</h1>
    <TodoForm @add-todo="addTodo" />
    <TodoList
      :todos="todos"
      @toggle-todo="toggleTodo"
      @delete-todo="deleteTodo"
    />
  </div>
</template>

<script>
import TodoList from './components/TodoList.vue';
import TodoForm from './components/TodoForm.vue';

export default {
  name: 'App',
  components: {
    TodoList,
    TodoForm
  },
  data() {
    return {
      todos: [
        { id: 1, title: 'Learn Vue.js', completed: false },
```

```
          { id: 2, title: 'Build a To-Do App', completed: false }
        ]
      };
    },
    methods: {
      addTodo(title) {
        const newTodo = {
          id: this.todos.length + 1,
          title,
          completed: false
        };
        this.todos.push(newTodo);
      },
      toggleTodo(id) {
        const todo = this.todos.find(todo => todo.id === id);
        if (todo) {
          todo.completed = !todo.completed;
        }
      },
      deleteTodo(id) {
        this.todos = this.todos.filter(todo => todo.id !== id);
      }
    }
  };
</script>

<style>
#app {
  text-align: center;
  margin-top: 50px;
}

input[type="text"] {
  padding: 8px;
  width: 200px;
  margin-right: 8px;
}
```

```
button {
  padding: 8px 16px;
  cursor: pointer;
}

button:hover {
  background-color: #ddd;
}

span {
  margin-left: 8px;
}
</style>
```

4. 启动项目

在项目目录下运行以下命令来启动应用。

```bash
npm run serve
```

5. 功能展示

在浏览器中打开 http://localhost:8080，开发者将看到一个简单的待办事项应用，可以添加新任务、标记任务为已完成以及删除任务。

通过这个简单的 Vue.js 项目，开发者可以掌握 Vue 组件的基本构建方式、数据绑定、事件处理以及组件间的通信，还可以基于这个项目扩展功能，如引入 Vuex 进行状态管理、使用 Vue Router 添加路由等。

8.1.4.3　Angular 开发案例

下面是一个使用 Angular 构建简单待办事项应用的案例，涵盖项目结构、主要功能实现以及一些关键代码段的解释。

1. 项目结构

使用 Angular CLI 来初始化 Angular 项目。示例代码如下。

```bash
ng new todo-app
cd todo-app
```

项目目录结构如下。

```css
todo-app/
  |
```

```
├── src/
│   ├── app/
│   │   ├── components/
│   │   │   ├── todo-item/
│   │   │   │   └── todo-item.component.ts
│   │   │   │   └── todo-item.component.html
│   │   │   └── todo-list/
│   │   │       └── todo-list.component.ts
│   │   │       └── todo-list.component.html
│   │   ├── app.component.ts
│   │   ├── app.component.html
│   │   ├── app.module.ts
│   └── main.ts
├── angular.json
├── package.json
└── README.md
```

2. 创建组件

在这个项目中，可以将待办事项应用分为以下几个主要组件。

（1）生成组件：使用 Angular CLI 生成组件。示例代码如下。

```bash
ng generate component components/todo-item
ng generate component components/todo-list
ng generate component components/todo-form
```

（2）TodoItemComponent：用于显示一个待办事项的标题和状态。

todo-item.component.ts 代码如下。

```typescript
import { Component, Input, Output, EventEmitter } from '@angular/core';

@Component({
  selector: 'app-todo-item',
  templateUrl: './todo-item.component.html',
  styleUrls: ['./todo-item.component.css']
})
export class TodoItemComponent {
  @Input() todo!: { id: number; title: string; completed: boolean };
  @Output() toggleTodo = new EventEmitter<number>();
```

```
  @Output() deleteTodo = new EventEmitter<number>();

  onToggle() {
    this.toggleTodo.emit(this.todo.id);
  }

  onDelete() {
    this.deleteTodo.emit(this.todo.id);
  }
}
```

todo-item.component.html 代码如下。

```HTML
<div>
  <input
    type="checkbox"
    [checked]="todo.completed"
    (change)="onToggle()"
  />
  <span [ngStyle]="{ 'text-decoration': todo.completed ? 'line-through' : 'none' }">
    {{ todo.title }}
  </span>
  <button (click)="onDelete()">Delete</button>
</div>
```

（3）TodoListComponent：用于显示所有待办事项。

todo-list.component.ts 代码如下。

```typescript
import { Component, Input, Output, EventEmitter } from '@angular/core';

@Component({
  selector: 'app-todo-list',
  templateUrl: './todo-list.component.html',
  styleUrls: ['./todo-list.component.css']
})
export class TodoListComponent {
  @Input() todos: { id: number; title: string; completed: boolean }[] = [];
  @Output() toggleTodo = new EventEmitter<number>();
```

```
  @Output() deleteTodo = new EventEmitter<number>();

  onToggle(id: number) {
    this.toggleTodo.emit(id);
  }

  onDelete(id: number) {
    this.deleteTodo.emit(id);
  }
}
```

todo-list.component.html 代码如下。

```HTML
<div>
  <app-todo-item
    *ngFor="let todo of todos"
    [todo]="todo"
    (toggleTodo)="onToggle($event)"
    (deleteTodo)="onDelete($event)">
  </app-todo-item>
</div>
```

（4）TodoFormComponent：用于添加新的待办事项。

todo-form.component.ts 代码如下。

```typescript
import { Component, Output, EventEmitter } from '@angular/core';

@Component({
  selector: 'app-todo-form',
  templateUrl: './todo-form.component.html',
  styleUrls: ['./todo-form.component.css']
})
export class TodoFormComponent {
  newTodo: string = '';

  @Output() addTodo = new EventEmitter<string>();

  onSubmit() {
```

```
    if (this.newTodo.trim()) {
      this.addTodo.emit(this.newTodo);
      this.newTodo = '';
    }
  }
}
```

todo-form.component.html 代码如下。

```HTML
<form (submit)="onSubmit()">
  <input
    type="text"
    [(ngModel)]="newTodo"
    placeholder="Add a new task..."
    name="todo"
  />
  <button type="submit">Add</button>
</form>
```

3. 主应用逻辑

在 App.component.ts 中，可以将这些组件组合起来，并管理待办事项的状态。

app.component.ts 代码如下。

```typescript
import { Component } from '@angular/core';

@Component({
  selector: 'app-root',
  templateUrl: './app.component.html',
  styleUrls: ['./app.component.css']
})
export class AppComponent {
  todos = [
    { id: 1, title: 'Learn Angular', completed: false },
    { id: 2, title: 'Build a To-Do App', completed: false }
  ];

  addTodo(title: string) {
    const newTodo = {
```

```
            id: this.todos.length + 1,
            title,
            completed: false
        };
        this.todos.push(newTodo);
    }

    toggleTodo(id: number) {
        const todo = this.todos.find(todo => todo.id === id);
        if (todo) {
            todo.completed = !todo.completed;
        }
    }

    deleteTodo(id: number) {
        this.todos = this.todos.filter(todo => todo.id !== id);
    }
}
```

app.component.html 代码如下。

```HTML
<div style="text-align:center">
    <h1>To-Do List</h1>
    <app-todo-form (addTodo)="addTodo($event)"></app-todo-form>
    <app-todo-list
        [todos]="todos"
        (toggleTodo)="toggleTodo($event)"
        (deleteTodo)="deleteTodo($event)">
    </app-todo-list>
</div>
```

4. 样式(可选)

可以在 App.component.css 中通过添加一些简单的样式来美化应用。示例代码如下。

```css
input[type="text"] {
    padding: 8px;
    width: 200px;
    margin-right: 8px;
```

```
}

button {
  padding: 8px 16px;
  cursor: pointer;
}

button:hover {
  background-color: #ddd;
}

span {
  margin-left: 8px;
}
```

5. 运行项目

在项目目录下通过运行以下命令来启动应用。

bash
ng serve

6. 功能展示

在浏览器中打开 http://localhost:4200，开发者将看到一个简单的待办事项应用，可以添加新任务、标记任务为已完成以及删除任务。

通过这个简单的 Angular 项目，开发者可以掌握 Angular 组件的基本构建方式、数据绑定、事件处理以及组件间的通信，还可以基于这个项目扩展功能，如引入 NgRx 进行状态管理、使用 Angular Router 添加路由等。

选择合适的前端框架是前端开发中一个重要的步骤，其直接影响项目的开发效率、性能和可维护性。通过理解各个框架的特点、优缺点以及结合项目需求和团队技术栈，开发者可以做出合理的选择。通过案例分析，开发者可以更深入地理解如何在实际开发中应用这些框架。

8.2　数据可视化

8.2.1　数据可视化的基本概念

数据可视化是将数据转换为图形或图表的过程，目的是通过视觉手段展示数据，帮助用户理解数据的模式、趋势和关系。常见的图表类型包括折线图、柱状图、饼图、散点图等。

数据可视化在 Web 应用中至关重要，因为它能够将复杂的数据转化为直观的信息，使用户能够快速洞察并做出决策。

8.2.2 常用的数据可视化工具和库

8.2.2.1 D3.js

D3.js 是一个功能强大的 JavaScript 库，用于创建复杂的动态和交互式数据可视化。D3.js 可直接操作 DOM，并使用 SVG、Canvas 等 Web 标准来绘制图表。

D3.js 的优点如下。

（1）灵活性强。几乎可以创建任何类型的可视化，支持复杂的动画和交互。

（2）数据绑定。与数据的绑定和更新非常灵活，适合动态数据展示。

D3.js 的缺点为学习曲线陡峭。由于其灵活性，D3.js 需要开发者对 Web 标准和图形编程有较深的理解。

以下是使用 D3.js 创建交互式多维数据散点图的示例。

1. 数据准备

假设有一个包含多个维度的数据集。示例代码如下。

```json
[
  { "name": "A", "x": 30, "y": 20, "size": 40, "color": "red" },
  { "name": "B", "x": 50, "y": 90, "size": 60, "color": "blue" },
  { "name": "C", "x": 70, "y": 50, "size": 80, "color": "green" },
  { "name": "D", "x": 90, "y": 30, "size": 100, "color": "orange" }
]
```

2. 设置 SVG 画布

定义 SVG 画布的宽度和高度，并附加到 HTML 页面。示例代码如下。

```javascript
const width = 800;
const height = 600;

const svg = d3.select("body")
  .append("svg")
  .attr("width", width)
  .attr("height", height);
```

3. 创建比例尺和坐标轴

使用 D3.js 为 *X* 轴和 *Y* 轴创建比例尺。示例代码如下。

```javascript
const xScale = d3.scaleLinear()
  .domain([0, 100])
```

```
  .range([0, width]);

const yScale = d3.scaleLinear()
  .domain([0, 100])
  .range([height, 0]);

svg.append("g")
  .attr("transform", `translate(0, ${height})`)
  .call(d3.axisBottom(xScale));

svg.append("g")
  .call(d3.axisLeft(yScale));
```

8.2.2.2　Chart.js

Chart.js 是一个简单易用的 JavaScript 库，提供多种常见的图表类型（如折线图、柱状图、饼图、雷达图等），适合快速创建基本的数据可视化。

Chart.js 的优点如下。

（1）易于使用。API 简单，易于上手，适合快速开发。

（2）响应式设计。内置响应式图表，适合在各种设备上显示。

Chart.js 缺点为功能有限，不支持非常复杂或定制化的图表类型，灵活性不如 D3.js。

以下是几个使用 Chart.js 创建基本图表的案例。

1. 折线图

折线图用于显示数据的趋势，比如某段时间内的销售额变化。折线图的实现步骤如下。

（1）引入 Chart.js 库。

（2）创建一个 HTML <canvas> 元素用于绘制折线图。

（3）使用 JavaScript 初始化折线图数据和配置。

（4）调用 new Chart() 方法生成折线图。示例代码如下。

```html
<canvas id="lineChart"></canvas>
<script>
    const ctx = document.getElementById('lineChart').getContext('2 d');
    const lineChart = new Chart(ctx, {
        type: 'line',
        data: {
            labels: ['January', 'February', 'March', 'April', 'May', 'June'],
            datasets: [{
                label: 'Sales',
```

```
                data: [150, 200, 170, 220, 190, 230],
                borderColor: 'rgba(75, 192, 192, 1)',
                fill: false
            }]
        },
        options: {
            responsive: true,
            scales: {
                y: {
                    beginAtZero: true
                }
            }
        }
    });
</script>
```

2. 柱状图

柱状图用于比较不同类别的数据,比如各个产品的销量。柱状图的实现步骤如下。

(1)引入 Chart.js 库并创建 <canvas> 元素。

(2)定义柱状图数据和配置。

(3)调用 new Chart() 方法生成柱状图。示例代码如下。

```HTML
<canvas id="barChart"></canvas>
<script>
    const ctx = document.getElementById('barChart').getContext('2 d');
    const barChart = new Chart(ctx, {
        type: 'bar',
        data: {
            labels: ['Product A', 'Product B', 'Product C'],
            datasets: [{
                label: 'Sales',
                data: [120, 150, 180],
                backgroundColor: ['rgba(255, 99, 132, 0.2)', 'rgba(54, 162, 235, 0.2)',
'rgba(75, 192, 192, 0.2)'],
                borderColor: ['rgba(255, 99, 132, 1)', 'rgba(54, 162, 235, 1)', 'rgba(75,
192, 192, 1)'],
                borderWidth: 1
```

```
            }]
        },
        options: {
            scales: {
                y: {
                    beginAtZero: true
                }
            }
        }
    });
</script>
```

3. 饼图

饼图用于显示数据的组成部分，比如市场份额的分布。饼图的实现步骤如下。

（1）创建 <canvas> 元素用于绘制饼图。

（2）使用 Chart.js 初始化饼图数据和配置。

（3）调用 new Chart() 方法生成饼图。示例代码如下。

```
HTML
<canvas id="pieChart"></canvas>
<script>
    const ctx = document.getElementById('pieChart').getContext('2 d');
    const pieChart = new Chart(ctx, {
        type: 'pie',
        data: {
            labels: ['Segment A', 'Segment B', 'Segment C'],
            datasets: [{
                data: [30, 45, 25],
                backgroundColor: ['rgba(255, 99, 132, 0.2)', 'rgba(54, 162, 235, 0.2)',
'rgba(75, 192, 192, 0.2)'],
                borderColor: ['rgba(255, 99, 132, 1)', 'rgba(54, 162, 235, 1)', 'rgba(75,
192, 192, 1)'],
                borderWidth: 1
            }]
        }
    });
</script>
```

4. 雷达图

雷达图用于显示多个变量之间的关系，比如不同属性的评分对比。雷达图的实现步骤如下。

(1)引入 Chart.js 库并创建 <canvas> 元素。

(2)定义雷达图的标签、数据和配置。

(3)使用 new Chart() 方法生成雷达图。示例代码如下。

```html
<canvas id="radarChart"></canvas>
<script>
    const ctx = document.getElementById('radarChart').getContext('2 d');
    const radarChart = new Chart(ctx, {
        type: 'radar',
        data: {
            labels: ['Strength', 'Speed', 'Endurance', 'Flexibility', 'Agility'],
            datasets: [{
                label: 'Athlete A',
                data: [80, 90, 70, 85, 75],
                backgroundColor: 'rgba(255, 99, 132, 0.2)',
                borderColor: 'rgba(255, 99, 132, 1)',
                borderWidth: 1
            }]
        },
        options: {
            scales: {
                r: {
                    beginAtZero: true
                }
            }
        }
    });
</script>
```

5. 圆环图

圆环图类似于饼图，但中间有一个空白区域，适合显示数据的比例关系。圆环图的实现步骤如下。

(1)创建 <canvas> 元素。

(2)定义数据和配置。

(3)使用 new Chart() 方法生成圆环图。示例代码如下。

```
HTML
<canvas id="doughnutChart"></canvas>
<script>
    const ctx = document.getElementById('doughnutChart').getContext('2 d');
    const doughnutChart = new Chart(ctx, {
        type: 'doughnut',
        data: {
            labels: ['Category A', 'Category B', 'Category C'],
            datasets: [{
                data: [40, 35, 25],
                backgroundColor: ['rgba(255, 206, 86, 0.2)', 'rgba(75, 192, 192, 0.2)',
'rgba(153, 102, 255, 0.2)'],
                borderColor: ['rgba(255, 206, 86, 1)', 'rgba(75, 192, 192, 1)', 'rgba(153,
102, 255, 1)'],
                borderWidth: 1
            }]
        }
    });
</script>
```

这些例子展示了如何使用 Chart.js 快速创建常见的数据可视化图表。开发者可以根据需求进一步自定义图表的外观和交互行为。

8.2.2.3　Plotly.js

Plotly.js 是一个开源库，用于创建交互式和高质量的图表。它支持多种图表类型，并且可以与 Python、R 等语言的 Plotly 库无缝集成。

Plotly.js 的优点如下。

（1）丰富的图表类型。支持从初级到高级的各种图表，如 3D 图、热图、地图等。

（2）强大的交互功能。内置强大的交互功能，如缩放、平移、工具提示等。

Plotly.js 的缺点为相对复杂。虽然 Plotly.js 的功能强大，但配置选项较多，可能需要一定的学习时间。

以下是几个使用 Plotly.js 创建基本数据可视化的案例。

1. 折线图

折线图显示了数据随时间的变化趋势，比如股票价格的变化。折线图的实现步骤如下。

（1）引入 Plotly.js 库。

（2）定义图表的数据和布局。

（3）使用 Plotly.newPlot() 方法在 HTML 中绘制图表。示例代码如下。

```
HTML
```

```
<div id="lineChart"></div>
<script src="https://cdn.plot.ly/plotly-latest.min.js"></script>
<script>
    const trace1 = {
        x: ['2024-01-01', '2024-02-01', '2024-03-01', '2024-04-01', '2024-05-01', '2024-06-01'],
        y: [150, 200, 170, 220, 190, 230],
        type: 'scatter',
        mode: 'lines',
        name: 'Stock Prices'
    };

    const layout = {
        title: 'Stock Prices Over Time',
        xaxis: { title: 'Date' },
        yaxis: { title: 'Price' }
    };

    Plotly.newPlot('lineChart', [trace1], layout);
</script>
```

2. 柱状图

柱状图用于比较不同类别的值，比如各个产品的销量。柱状图的实现步骤如下。

（1）创建一个 HTML 容器 <div> 用于放置图表。

（2）定义数据和布局。

（3）使用 Plotly.newPlot() 方法生成柱状图。示例代码如下。

```
HTML
```

```
<div id="barChart"></div>
<script>
    const trace2 = {
        x: ['Product A', 'Product B', 'Product C'],
        y: [120, 150, 180],
        type: 'bar',
        name: 'Sales'
    };

    const layout2 = {
```

```
        title: 'Product Sales',
        xaxis: { title: 'Products' },
        yaxis: { title: 'Sales' }
    };

    Plotly.newPlot('barChart', [trace2], layout2);
</script>
```

3. 饼图

饼图显示数据的组成部分，比如市场份额的分布。饼图的实现步骤如下。

（1）在 HTML 中创建一个 <div> 元素。

（2）定义饼图的数据和布局。

（3）使用 Plotly.newPlot() 方法绘制饼图。示例代码如下。

```
HTML
<div id="pieChart"></div>
<script>
    const trace3 = {
        labels: ['Segment A', 'Segment B', 'Segment C'],
        values: [30, 45, 25],
        type: 'pie'
    };

    const layout3 = {
        title: 'Market Segments'
    };

    Plotly.newPlot('pieChart', [trace3], layout3);
</script>
```

4. 散点图

散点图显示两个变量之间的关系，比如年龄和收入之间的关系。散点图的实现步骤如下。

（1）在 HTML 中创建 <div> 元素。

（2）定义数据和布局。

（3）使用 Plotly.newPlot() 方法生成散点图。示例代码如下。

```
HTML
<div id="scatterPlot"></div>
```

```
<script>
    const trace4 = {
        x: [25, 30, 35, 40, 45, 50],
        y: [35 000, 40 000, 42 000, 45 000, 48 000, 50 000],
        mode: 'markers',
        type: 'scatter'
    };

    const layout4 = {
        title: 'Age vs Income',
        xaxis: { title: 'Age' },
        yaxis: { title: 'Income' }
    };

    Plotly.newPlot('scatterPlot', [trace4], layout4);
</script>
```

5. 气泡图

气泡图是增强版的散点图，每个点的大小代表第三个变量的值，比如人口数量与 GDP 的关系。气泡图的实现步骤如下。

（1）在 HTML 中创建 <div> 元素。

（2）定义数据（包括气泡的大小）和布局。

（3）使用 Plotly.newPlot() 方法绘制气泡图。示例代码如下。

```
HTML
<div id="bubbleChart"></div>
<script>
    const trace5 = {
        x: [25, 30, 35, 40, 45, 50],
        y: [35 000, 40 000, 42 000, 45 000, 48 000, 50 000],
        mode: 'markers',
        marker: {
            size: [20, 40, 60, 80, 100, 120]
        },
        type: 'scatter'
    };

    const layout5 = {
```

```
            title: 'Age vs Income (Bubble Size represents Population)',
            xaxis: { title: 'Age' },
            yaxis: { title: 'Income' }
        };

        Plotly.newPlot('bubbleChart', [trace5], layout5);
    </script>
```

这些例子展示了如何使用 Plotly.js 创建基本的图表类型，开发者可以在实际应用中进一步自定义和扩展这些图表。

8.2.2.4　ECharts

ECharts 是由百度开发的一个开源可视化库，其基于 JavaScript，提供丰富的图表类型和强大的交互功能。

ECharts 的优点如下。

（1）高性能。适合处理大量数据，支持 WebGL 渲染。

（2）国际化支持。支持多语言和多格式输出，适合全球化应用。

ECharts 的缺点为依赖性较强。依赖于特定的库和工具链，对于需要高度定制化的场景不够灵活。

以下是几个使用 ECharts 创建基本数据可视化的案例。

1. 折线图

折线图显示数据的趋势，例如某段时间内的温度变化。折线图的实现步骤如下。

（1）引入 ECharts 库。

（2）创建一个 HTML <div> 元素作为图表的容器。

（3）使用 JavaScript 初始化 ECharts 实例，并设置图表的选项。示例代码如下。

```
HTML
<div id="lineChart" style="width: 600px; height: 400px;"></div>
<script src="https://cdn.jsdelivr.net/npm/echarts/dist/echarts.min.js"></script>
<script>
    var chartDom = document.getElementById('lineChart');
    var myChart = echarts.init(chartDom);
    var option = {
        title: {
            text: 'Temperature Over Time'
        },
        tooltip: {
            trigger: 'axis'
        },
```

```
            xAxis: {
                type: 'category',
                data: ['Monday', 'Tuesday', 'Wednesday', 'Thursday', 'Friday', 'Saturday',
'Sunday']
            },
            yAxis: {
                type: 'value'
            },
            series: [{
                data: [10, 12, 15, 13, 12, 13, 10],
                type: 'line'
            }]
        };
        myChart.setOption(option);
    </script>
```

2. 柱状图

柱状图用于显示不同类别的数据对比，例如各个城市的降水量。柱状图的实现步骤如下。

（1）创建一个 HTML <div> 元素。

（2）初始化 ECharts 实例并配置柱状图的选项。

（3）将选项应用到图表实例上。示例代码如下。

```
HTML
    <div id="barChart" style="width: 600px; height: 400px;"></div>
    <script>
        var chartDom = document.getElementById('barChart');
        var myChart = echarts.init(chartDom);
        var option = {
            title: {
                text: 'Precipitation by City'
            },
            tooltip: {},
            xAxis: {
                type: 'category',
                data: ['New York', 'London', 'Tokyo', 'Sydney', 'Paris']
            },
            yAxis: {
                type: 'value'
```

```
        },
        series: [{
            data: [120, 200, 150, 80, 70],
            type: 'bar'
        }]
    };
    myChart.setOption(option);
</script>
```

3. 饼图

饼图显示数据的组成部分，例如某公司不同部门的员工比例。饼图的实现步骤如下。

（1）创建一个 HTML <div> 元素作为图表容器。

（2）初始化 ECharts 实例，并配置饼图的选项。

（3）使用 setOption 方法生成图表。示例代码如下。

```html
<div id="pieChart" style="width: 600px; height: 400px;"></div>
<script>
    var chartDom = document.getElementById('pieChart');
    var myChart = echarts.init(chartDom);
    var option = {
        title: {
            text: 'Employee Distribution by Department',
            left: 'center'
        },
        tooltip: {
            trigger: 'item'
        },
        series: [{
            name: 'Employees',
            type: 'pie',
            radius: '50%',
            data: [
                { value: 335, name: 'Sales' },
                { value: 310, name: 'Marketing' },
                { value: 234, name: 'Development' },
                { value: 135, name: 'HR' },
                { value: 1548, name: 'Support' }
```

```
                ]
            }]
        };
        myChart.setOption(option);
</script>
```

4. 散点图

散点图显示两个变量之间的关系，例如年龄与收入的关系。散点图的实现步骤如下。

（1）在 HTML 中创建 <div> 容器。

（2）初始化 ECharts 实例，并定义散点图的数据和配置。

（3）应用配置并生成图表。示例代码如下。

```html
HTML
<div id="scatterPlot" style="width: 600px; height: 400px;"></div>
<script>
    var chartDom = document.getElementById('scatterPlot');
    var myChart = echarts.init(chartDom);
    var option = {
        title: {
            text: 'Age vs Income'
        },
        xAxis: {
            type: 'value',
            name: 'Age'
        },
        yAxis: {
            type: 'value',
            name: 'Income'
        },
        series: [{
            symbolSize: 10,
            data: [
                [25, 30 000],
                [30, 40 000],
                [35, 50 000],
                [40, 60 000],
                [45, 70 000]
            ],
```

```
            type: 'scatter'
        }]
    };
    myChart.setOption(option);
</script>
```

5. 雷达图

雷达图用于显示多维数据的对比，例如不同产品的性能评估。雷达图的实现步骤如下。

（1）创建 HTML <div> 容器。

（2）初始化 ECharts 实例并定义雷达图的配置。

（3）应用配置并生成图表。示例代码如下。

```HTML
<div id="radarChart" style="width: 600px; height: 400px;"></div>
<script>
    var chartDom = document.getElementById('radarChart');
    var myChart = echarts.init(chartDom);
    var option = {
        title: {
            text: 'Product Performance'
        },
        radar: {
            indicator: [
                { name: 'Speed', max: 100 },
                { name: 'Reliability', max: 100 },
                { name: 'Comfort', max: 100 },
                { name: 'Safety', max: 100 },
                { name: 'Efficiency', max: 100 }
            ]
        },
        series: [{
            name: 'Product A vs B',
            type: 'radar',
            data: [
                {
                    value: [80, 90, 70, 85, 75],
                    name: 'Product A'
                },
```

```
                {
                    value: [70, 80, 90, 75, 85],
                    name: 'Product B'
                }
            ]
        }]
    };
    myChart.setOption(option);
</script>
```

这些案例展示了如何使用 ECharts 创建基本的图表，开发者可以在此基础上进一步定制和扩展这些图表。

8.2.3 实现数据可视化的基本步骤

1. 确定可视化目标

（1）了解数据：深入了解数据的性质和结构，明确需要展示的关键信息和趋势。

（2）选择合适的图表类型：根据数据的特点和展示的目标，选择合适的图表类型。例如，折线图适合展示时间序列数据的趋势，饼图适合展示比例关系。

2. 准备数据

（1）清洗与处理数据：在将数据用于可视化之前，通常需要对数据进行清洗和处理，去除异常值，规范数据格式。

（2）格式化数据：将数据格式化为适合可视化库使用的结构，如 JSON、数组或对象。

3. 创建图表

（1）选择合适的库：根据项目需求选择合适的数据可视化库，并在项目中进行集成。

（2）配置图表：通过库的 API 或配置选项，设置图表的样式、颜色、标签等。

（3）绑定数据：将准备好的数据与图表进行绑定，生成可视化结果。

4. 添加交互功能

（1）工具提示：在图表中添加工具提示，显示额外的数据信息。

（2）缩放与平移：为图表添加缩放和平移功能，提升用户的交互体验。

（3）动态更新：实现数据的动态更新，使图表可以实时反映数据变化。

5. 优化与发布

（1）性能优化：对于大数据量的可视化，可优化渲染性能，确保在不同设备上体验流畅。

（2）响应式设计：确保图表在不同屏幕尺寸上都有良好的显示效果。

（3）发布与集成：将可视化图表集成到 Web 应用中，确保与其他前端组件的良好协作。

8.2.4 数据可视化的最佳实践

（1）简洁性：保持图表简洁，避免使用过多的元素和颜色，使用户能够轻松理解数据。

（2）清晰的标签与标题：为每个轴、图例和数据点添加清晰的标签和标题，确保用户能够准确理解图表中的数据。

(3)一致性:应用中的图表风格和颜色编码应保持一致,使用户能够快速识别和比较不同的图表。

(4)数据更新:确保数据的及时更新,尤其是在动态数据可视化中,保证数据的实时性和准确性。

(5)用户体验:考虑用户的交互体验,添加必要的交互功能,如工具提示、缩放、过滤等,提升可视化的实用性。

数据可视化是前端开发中提升用户体验的重要手段。通过选择合适的可视化库、遵循最佳实践以及结合具体项目需求,可以高效、直观地展示数据。无论是简单的图表还是复杂的交互式可视化,都能帮助用户更好地理解数据,做出明智的决策。

8.3 响应式设计

8.3.1 响应式设计的基本概念

响应式设计是一种 Web 设计方法,旨在使 Web 页面能够在各种设备和屏幕尺寸上自动调整布局,以提供最佳的用户体验。无论是在台式计算机、平板电脑还是手机上,响应式设计都能确保内容的可读性和可用性。

随着移动设备的普及,用户访问 Web 应用的方式日益多样化。响应式设计可以有效应对这一挑战,确保在任何设备上都能获得最佳的体验。

8.3.2 响应式设计的核心技术

1. 流式布局(Fluid Grid Layouts)

流式布局通过百分比来定义元素的宽度,而不是使用固定的像素单位。这样,页面元素可以根据屏幕大小自动调整宽度。

流式布局的优点为适应性强,能够自动调整元素的布局以适应不同的屏幕尺寸。

流式布局的实现方式为使用 CSS 中的 width: % 来设置容器和元素的宽度。

2. 弹性盒模型(Flexbox)

Flexbox 是一种 CSS 布局模式,专为灵活的布局设计。它能够在父容器中灵活地排列、对齐和分配空间给其子元素。

Flexbox 的优点如下。

(1)一维布局:适合处理单行或单列布局,元素可以根据屏幕大小自动伸缩。

(2)易于垂直和水平对齐:简化了垂直和水平居中的操作。

Flexbox 的常用属性包括 display: flex;、justify-content;、align-items;、flex-wrap; 等。

3. CSS 网格布局(CSS Grid Layout)

CSS 网格布局是一个强大的二维布局系统,允许开发者在二维空间中定义网格,并将内容放置在网格的各个区域。

CSS 网格布局的优点如下。

(1)二维布局:支持同时控制行和列的布局,非常适合复杂的页面布局。

（2）精确控制：可以精确地控制元素在页面上的位置和对齐方式。

CSS 网格布局的常用属性包括 display: grid;、grid-template-columns;、grid-template-rows;、grid-area; 等。

4. 媒体查询（Media Queries）

媒体查询是 CSS 的一部分，用于根据设备的特性（如屏幕宽度、分辨率等）来应用不同的样式。媒体查询是响应式设计的核心技术之一。

媒体查询通过 @media 规则，可以为不同的屏幕尺寸或设备类型指定特定的 CSS 样式。示例代码如下。

```css
CSS
@media (max-width: 768px) {
  body {
    font-size: 14px;
  }
}
```

5. 视口（Viewport）

视口是指浏览器显示内容的区域。为实现良好的响应式设计，通常需要在 HTML 文档中设置视口的元标签。示例代码如下。

```html
THML
<meta name="viewport" content="width=device-width, initial-scale=1.0">
```

视口能够确保页面在移动设备上按照预期缩放和布局。

8.3.3　响应式设计的最佳实践

1. 移动优先设计

移动优先设计是一种设计策略，为移动设备设计页面，然后逐步增强以适应更大的屏幕。

移动优先设计可确保关键内容和功能在移动设备上得到优先展示，同时减少不必要的元素，以便提高加载速度和提升用户体验。

移动优先设计的实现方法为使用媒体查询逐步提升页面的复杂性。例如，默认样式适用于移动设备，可通过媒体查询为平板电脑和台式计算机添加样式。

2. 响应式图像

响应式图像技术用于根据设备的屏幕大小或分辨率动态加载尺寸合适的图像，从而减少带宽消耗并提升页面性能。

在移动优先设计中，srcset 属性用于提供一组图像资源，浏览器根据设备自动选择合适的图像；<picture> 元素允许根据不同的条件（如屏幕宽度）选择不同的图像。示例代码如下。

```html
HTML
<img src="small.jpg" srcset="medium.jpg 768w, large.jpg 1200w" alt="Responsive Im-
age">
```

3. 断点的选择

断点是在媒体查询中定义的屏幕宽度，用于应用不同的样式。

建议根据设备的常见屏幕尺寸定义断点，如 320 像素、768 像素、1024 像素等。同时，也可以根据内容的自然分布确定断点，而不是严格依赖于设备宽度。

4. 优雅降级与渐进增强

优雅降级既可为现代浏览器开发完整功能，也可向下兼容旧版本的浏览器，以确保在较旧的设备上仍然可以访问基本功能。

相反地，渐进增强针对基础功能进行开发，并逐步增加高级功能以适应更先进的设备。

5. 性能优化

（1）减少 HTTP 请求：合并 CSS 和 JavaScript 文件，使用 CSS Sprite 图像，减少页面加载时间。

（2）压缩资源：使用工具压缩和最小化 CSS、JavaScript 和图像文件，以加快页面加载速度。

（3）异步加载资源：将非关键的 CSS 和 JavaScript 资源设为异步加载，以加快页面的初始渲染速度。

6. 可访问性

（1）考虑无障碍访问：确保页面元素如导航菜单、表单和按钮在所有设备上都易于操作，同时为视障用户提供内容结构友好的屏幕阅读器。

（2）可调字体与布局：允许用户根据需要调整字体大小和页面布局，以适应不同的视觉需求。

8.3.4　实践与案例分析

8.3.4.1　创建一个简单的响应式 Web 页面

该项目支持多种设备和屏幕尺寸。下面是一个项目的基本结构和代码示例。

```
项目结构
responsive-webpage/
 |
 ├── index.html
 └── styles.css
```

1. HTML 文件 (index.html)

```html
<!DOCTYPE html>
<html lang="en">
<head>
    <meta charset="UTF-8">
    <meta name="viewport" content="width=device-width, initial-scale=1.0">
```

```
        <title>Responsive Web Page</title>
        <link rel="stylesheet" href="styles.css">
    </head>
    <body>
        <header class="header">
            <h1>Responsive Web Page</h1>
        </header>

        <nav class="nav">
            <ul>
                <li><a href="#">Home</a></li>
                <li><a href="#">About</a></li>
                <li><a href="#">Services</a></li>
                <li><a href="#">Contact</a></li>
            </ul>
        </nav>

        <main class="main-content">
            <section class="intro">
                <h2>Welcome to our website!</h2>
                <p>This is a simple responsive webpage built using Flexbox, Grid, and me-
dia queries.</p>
            </section>

            <section class="grid-section">
                <div class="grid-item">Item 1</div>
                <div class="grid-item">Item 2</div>
                <div class="grid-item">Item 3</div>
                <div class="grid-item">Item 4</div>
            </section>
        </main>

        <footer class="footer">
            <p>&copy; 2024 Responsive Web Page. All rights reserved.</p>
        </footer>
    </body>
    </html>
```

2. CSS 文件 (styles.css)

```css
/* 基本样式 */
body {
    font-family: Arial, sans-serif;
    margin: 0;
    padding: 0;
    box-sizing: border-box;
}

header {
    background-color: #333;
    color: white;
    text-align: center;
    padding: 1rem;
}

.nav {
    background-color: #444;
}

.nav ul {
    display: flex;
    list-style: none;
    padding: 0;
    margin: 0;
    justify-content: center;
}

.nav ul li {
    margin: 0 1rem;
}

.nav ul li a {
    color: white;
    text-decoration: none;
    padding: 1rem;
    display: block;
```

```
}

.main-content {
    padding: 2rem;
}

.intro {
    margin-bottom: 2rem;
}

/* 使用 Flexbox 布局 */
.grid-section {
    display: flex;
    flex-wrap: wrap;
    gap: 1rem;
}

.grid-item {
    background-color: #f4f4f4;
    padding: 2rem;
    flex: 1 1 calc(50% - 2rem);
    text-align: center;
}

/* 响应式设计 - 使用媒体查询 */
@media (max-width: 768px) {
    .grid-item {
        flex: 1 1 100%;
    }

    .nav ul {
        flex-direction: column;
        align-items: center;
    }
}

@media (max-width: 480px) {
    header, .footer {
```

```
            text-align: center;
            padding: 0.5rem;
        }

        .grid-item {
            padding: 1rem;
        }
    }

    /* 使用 Grid 布局 */
    footer {
        display: grid;
        place-items: center;
        background-color: #333;
        color: white;
        padding: 1rem;
    }
```

3. 功能说明

Flexbox 用于对 nav 导航栏中的菜单项进行布局，用于确保内容在不同尺寸的屏幕下可以灵活排列。

Grid 用于布局页脚部分，将内容居中对齐。

媒体查询用于调整在不同屏幕宽度下的页面布局，比如当屏幕宽度小于 768 像素时，grid-item 从两列布局变为单列布局。

4. 扩展练习

（1）增加更多的页面，如 about 和 services 部分，进一步实践响应式布局。

（2）尝试将 grid-section 部分改为 CSS Grid 布局，并与 Flexbox 进行对比。

（3）添加更多的媒体查询，确保在更大的屏幕上布局也能科学合理。

通过这个简单的项目，读者将掌握响应式网页设计的基本技巧，并了解如何使用 Flexbox、Grid 和媒体查询。

8.3.4.2　知名网站的响应式设计方案分析

分析知名网站的响应式设计方案，学习其断点设置、图像处理、布局调整的实现方式。

1. 新闻网站：《纽约时报》(*The New York Times*)

（1）断点设置。

● 桌面版：通常桌面版设计使用宽度为 1 200 像素以上的布局，以便显示完整的导航菜单、多栏布局以及大量的新闻内容和图像。

● 平板设备：在宽度为 768~1 024 像素之间的平板设备上，布局通常调整为两栏或单栏，导航菜单可能会简化或折叠为汉堡菜单。

● 移动设备：在宽度小于 768 像素的手机上，布局通常调整为单栏，内容按优先级排列，图像缩小，侧边栏内容移至底部或隐藏。

（2）图像处理。

● 响应式图像：使用 srcset 属性为不同屏幕尺寸加载合适大小的图像，以缩短加载时间。

● Lazy Loading：在移动设备上，图像通常会延迟加载（Lazy Loading），即当用户滚动到图像所在位置时再加载图像，以加快页面加载速度。

（3）布局调整。

● 文字与排版：在小屏幕设备上，字号通常会相应调整，并且缩短段落宽度，确保可读性。

● 内容优先级：新闻网站会根据设备类型调整内容的显示顺序，通常保证重要的新闻优先展示，次要的内容可折叠在“更多”链接中。

2. 电商平台：亚马逊 (Amazon)

（1）断点设置。

● 桌面版：在桌面设备上，布局通常为多栏设计，侧边栏显示筛选条件，顶部显示完整的导航菜单和搜索栏。

● 平板设备：在平板设备上，布局调整为两栏，侧边栏折叠为可展开的菜单项，顶部导航变为简化版本。

● 移动设备：在手机上，布局为单栏，所有内容纵向排列，侧边栏筛选功能通常移动到顶部或折叠在汉堡菜单中。

（2）图像处理。

● 自适应图像：电商平台使用自适应图像，并根据设备加载不同分辨率的产品图片，确保图片清晰且加载快速。

● 图像裁剪：对于缩略图和小屏幕，图片通常会裁剪成正方形或其他适合的比例，以节省空间。

（3）布局调整。

● 导航与搜索：在小屏幕设备上，导航菜单和搜索栏通常折叠成汉堡菜单或悬浮按钮，以简化用户操作。

● 产品展示：产品展示列表会根据屏幕大小调整。例如，桌面可能每行显示 4~5 个产品，而移动设备上每行仅显示 1~2 个产品。

3. 总结

（1）断点设置：知名网站通常会设置多个断点，分别针对台式计算机、平板电脑和手机，以确保在不同设备上都有最佳的用户体验。

（2）图像处理：响应式图像和延迟加载技术常用于优化加载时间和带宽使用，尤其在移动设备上尤为重要。

（3）布局调整：布局会根据设备的屏幕大小进行调整，确保内容以最适合的方式展示，重点内容优先展示，次要内容折叠或隐藏。

响应式设计是 Web 应用开发中不可或缺的一部分。通过掌握流式布局、Flexbox、CSS 网格布局、媒体查询等技术，开发者能够创建适应各种设备类型和屏幕尺寸的 Web 页面。响应式设计不仅提升了用户体验，还确保了 Web 应用的兼容性，使其能够在日益多样化的设备环境中始终具有最优布局。

第 9 章　项目案例——机器学习预测药物不良反应

9.1　项目简介

9.1.1　项目背景与目标

药物不良反应（Adverse Drug Reaction，ADR）是指服用药物后出现的有害的和与用药目的无关的反应。药物不良反应不仅影响人类的健康，还会造成巨大的经济损失。2021 年国家药品不良反应监测年度报告显示，全国药品不良反应监测网络收到《药品不良反应 / 事件报告表》196.2 万份。1999—2021 年，全国药品不良反应监测网络累计收到《药品不良反应 / 事件报告表》1 883 万份。由于药物不良反应具有严重危害性，有效预测药物不良反应对于确保用药安全至关重要。

传统的预测药物不良反应的手段多为临床试验，但其消耗的金钱和时间成本较大，且试验人群规模小，试验周期短，无法获取药物不良反应的全部信息。随着大数据和网络信息时代的发展，越来越多的生物医学研究开始关注从医学文献、电子病历以及社交媒体中挖掘有关药物不良反应的文本数据集。利用有关药物不良反应的文本数据集预测药物不良反应也逐渐成为研究热点。然而，从社交媒体中挖掘药物不良反应面临以下挑战。首先，注释非常耗时，需要丰富的领域知识。其次，只有小部分用户生成的内容提到了药物不良反应。数据分布不平衡问题，对文本分类模型的预测能力产生负面影响。最后，社交媒体上存在创造性短语、口语术语和不可避免的拼写错误。传统的基于特征工程的模型通常只专注文本的浅层语言特征，无法捕捉完整语义，因此无法处理这些特征。

因此，利用数据增强技术解决类别不平衡问题以及构建多模态框架提高药物不良反应信息检测准确率具有重要意义。

通过本项目，学生将学习如何使用机器学习算法，基于已有的生物信息和药物数据，开发一个可以预测药物不良反应的工具。项目的最终目标是构建一个模型，使其能够对新药物或新组合的药物进行药物不良反应预测。

9.1.2　国内外研究现状及发展趋势

9.1.2.1　文本分类研究现状

在基于文本分类的药物不良反应监测研究中，使用机器学习的方法从生物医学文本中自动检测药物不良反应已经有了大量的研究。早期的研究方法主要基于统计的方法，同时结合规则与传统机器学习的方法。J.Bian 提出了一种将 NLP 和支持向量机（Support Vector Machine，SVM）分类器结合的分析框架，从 Twitter 消息中提取与药物相关的不良事件。但由于 Twitter 消息中存在大量的噪声，此模型的性能受到限制。Liu 等人开发了一种基于统计学习的 AzDrugMiner 系统，以提取患者在论坛中讨论的不良药物事件，并通过患者经验识别报告。该方法过滤了报告中的噪声数据和重复信息，形成了一份基于患者经验生成的、高质量的社交媒体不良药物事件报告。Sarker 和 Gonzalez 将 Twitter 信息、生物医学文献和社交媒体三个不同来源的语料集结合在一起训练，从语料集中提取丰富的特征集，并训练 SVM 模型。实验结果表明，兼容多个语料集特征可以有效提升模型分类性能。Zhang 等人在 PSB 2016 社交媒体挖掘共享任务中，利用联合模型来处理不良药物事件的提取任务，通过引入多模态信息，如文本、图像和知识库等，提高了模型的表达能力和鲁棒性。Alimova 和 Tutubalina 用丰富的数据特征（包括基于词典特征、情感特征、语义特征和单词嵌入）训练 SVM 和逻辑回归分类器。实验结果表明，使用该方法比使用卷积神经网络分类的准确性更高，且在分类器中加入情感和词的嵌入特征效果会更好。Kiritchenko 等人在 2017 年健康应用社交媒体挖掘（Social Media Mining for Healthcare, SMM4H）共享任务中训练了一个利用大量文本、情感和领域特定特征的支持向量机分类器，用于判断给定的 Twitter 是否提到了药物不良反应。实验结果表明对分类器最有影响的特征是一般领域词嵌入、领域特定词嵌入和领域术语。

近年来，许多研究工作逐渐转向深度神经网络。其使用语言训练模型对药物不良反应文本进行特征表示，将生成的词向量输入神经网络模型中进行训练。Huynh 等人提出了两种新的神经网络模型：卷积递归神经网络（Convolutional Recurrent Neural Network, CRNN）和带注意力的卷积神经网络（Convolutional Neural Network with Attention, CNNA）。实验结果表明，在 Twitter 和 ADE 数据集上，两种神经网络模型的结构都明显优于传统的基于不同加权策略的最大熵分类器。Tutubalina 等人将长短时记忆递归神经网络（Long Short Term Memory, LSTM）与条件随机场（Conditional Random Fields, CRF）相结合，并使用字符级卷积神经网络（Convolutional Neural Networks, CNN）增强基本的词嵌入。该模型对药物不良反应文本识别的精确度显著提升了。

社交媒体中的文本多为非正式表达，使药物不良反应检测成为一项具有挑战性的任务。为了减小非正式表达的影响，Zhang 等人提出了一种利用对抗转移网络和双线性注意力机制从社交媒体中检测药物不良反应的方法。引入对抗训练和双线性注意力机制，提高从社交媒体文本中检测药物不良反应的性能和鲁棒性。该方法不仅能够提高模型的准确性，还具有较强的适应性和可迁移性，为社交媒体中药物不良反应的检测和监测提供了新的思路和方法。Ed-drissiya 等人提出了一种深度神经模型（Deep Neural Model for Complex Adverse Drug Reaction Mentions Extraction, DeepCADRME），用于处理复杂的药物不良反应信号抽取任务。该研究引入注意力机制和条件随机场层，增强了模型对文本信息和序列结构的建模能力。该方法不仅在性能上有所提升，还具有较强的泛化能力和适应性，为复杂药物不良反应关系抽取领域的研究和应用带来了新的思路和方法。Hussain 等人提出了一种预训练语言模型（Bidirectional Encoder Representations from Transformers, BERT）和高度模块化的适应表示模型（Framework for Adapting Representation Models, FARM）检测文本中药物不良反应的监测方法。该方法通过在大规模的标注数据上进行微调，将 BERT 适应到药物不良反应检测任务中，并使用 FARM 框架进行模型的训练和部署，以便提高模型的效率和可扩展性。Nishioka 等人提出了一种基于 BERT 的深度学习方法，用于从癌症患者的博客文章中识别手足综合征和检测潜在的药物不良反应症状。通过使用深度学习方法和 NLP 技术，提高模型对博客文章的理解和分析能力。实验证明，该方法在性能和准确率方面表现出色，为药物不良反应检测的研究和应用提供了新的思路和方法。

9.1.2.2　文本增强研究现状

生物医学 NLP 在临床文本信息检索中起着至关重要的作用。然而现有大多数分类器都是针对平衡数据集设计的，因此训练数据的规模和质量对模型的性能有着很大的影响。而中文生物医学语料数据量较少，不平衡的数据使得正样本分类正确率急剧下降，不能满足机器学习对分类效果的要求。不少研究者使用数据增强的方法解决该问题。增强技术通过操作现有数据的参数，将数据转换为新的、独特的样本。文本增强通常包括同义词替换和反向翻译。Wei 等人提出基于词随机删除、替换、交换和插入 4 种简单编辑操作的数据增强（Easy Data Augmentation，EDA）技术，以提高文本分类任务的性能。EDA 技术极大地提高了性能并减少了过拟合，但由于其具有随机性，易造成信息丢失，无法考虑语境上下文信息，容易改变文本的原有含义。随着神经网络机器翻译模型的发展，基于回译（Back Translation）的数据增强技术开始被广泛应用，其原理是利用翻译模型将语种 1 翻译为某个中间语种，再翻译回语种 1，从而得到增强的数据。Xie 等人提出了无监督数据增强（Unsupervised Data Augmentation，UDA）技术。其通过将手动标注数据和远程监督数据结合，构建了一个更大、更多样的训练数据集，从而提高了模型的泛化能力和性能。通过在多个关系抽取任务上的实验证明，该方法能够显著提升关系抽取模型的性能，并且在不同领域和数据集上都具有广泛的适用性。Zheng 等人提出了一种无监督的数据增强方法，引入一致性损失约束模型，使得模型在不同的增强样本上具有一致的预测结果。在多个半监督学习任务上的实验证明，该方法能够显著提升模型的性能，并且在多个领域和数据集上都具有广泛的适用性。对于生物医学领域的 NLP，Skreta 等人使用词嵌入增强技术，通过嵌入统一医学语言系统(Unified Medical Language System，UMLS) 扩充训练集，以提高医学缩写消歧的准确性。Su 等人通过利用远程监督无须手动标注大量数据，为关系抽取任务提供了一种有效的增强数据策略。该方法不仅能够提高模型的性能，还具有较强的通用性和可扩展性，为关系抽取领域的研究和应用带来了新的思路和方法。Kang 等人在 Wei 等人提出的 EDA 技术的基础上提出了 UMLS-EDA，该模型将 EDA 扩展到除了句子分类之外的命名实体识别中，将 UMLS 知识纳入生物医学 NLP 任务。Wu 等人提出了一种基于条件的 BERT 上下文增强方法，通过引入条件生成模型生成更加丰富和多样化的上下文表示。BERT 和条件生成模型，提高了文本生成任务的效率。该方法不仅能够生成更加丰富和多样化的上下文表示，还能够提高和增加生成结果的质量和多样性，为文本生成领域的研究和应用带来了新的思路和方法。

9.1.2.3　多模态研究现状

药物不良反应的复杂性意味着单一信息源很难提供完整的信息。在众多科学领域内，关于特定自然现象的信息大多通过多个来源获取。每一个获取框架被称为一个模态，并且与一个数据来源关联。将药物不良反应多模态信息进行融合分析，可为药物不良反应识别问题提供更详细的药理作用信息，这对于研究药物不良反应发生的潜在因果机制具有重要意义。现在许多大型综合知识库，包括 DrugBank、PubChem、ChEMBL 和 PDB，都提供了丰富的异构药物数据源。丰富的数据源使计算方法能够产生更精确的预测，从而使大规模药物不良反应预测成为可能。

近年来，很多研究者提出了多模态药物不良反应预测方法。Deng 等人提出了一种多模态深度学习框架（Multimodal Deep Neural Network，MDNN）。该框架利用药物的化学子结构、靶标、酶和通路 4 类特征，分别构建基于深度神经网络（Deep Deural Network，DNN）的子模型，然后采用联合 DNN 框架组合子模型，学习药物 - 药物对的跨模态表示，预测药物不良反应事件。在计算实验中，MDNN 具有较高的精度和效率。Lee 等人使用已知药物对的结构相似谱（SSP）、基因本体（GO）术语相似谱（GSP）和靶基因相似谱（TSP）作为模型输入，并使用自编码器和深度前馈网络进行训练，以预测药物不良反应的药理作用。结果表明，该模型可以更准确地预测药物不良反应信号。Zhang 等人提出一种综合标签传播框架，通过整合从处方药说明书和美国食品药品管理局（Food and Drug Administration，FDA）不良事件报告系统提取的临床副作用，结合 PubChem 中的化学结构预测药物不良反应信息，实验结果证明了该算法的有效性。Yu 等人提出了一种用于药物 - 药物相互作用预测的关系感知网络嵌入模型（Relation-aware Network Embedding for Drug-Drug Interaction，RANEDDI）。RANEDDI 不仅考虑了药物之间的多模态信息，而且将关系感知的网络结构信息整合到多模态药物不良反应预测网络的拓扑结构中，从而获得药物的关系感知网络结构信息，提高药物不良反应预测的准确率。Hong 等人提出了一种链接感知图注意网络（Link-aware Graph Attention Network，LaGAT），用于处理二元和多类药物相互作用预测任务。该模型能够在不同的药物不良反应中对同一药物实体产生不同的注意通路，为模型在预测的结果上提供了可解释性。同时，有学者提出将药物不良反应文本信息与药物分子结构特征融合，从而进行药物不良反应预测。Asada 等人利用文本表示和药物的化学分子结构表示进行药物不良反应分类，提出了一个由两个组件组成的网络框架。该框架的第一个组件为卷积神经网络，用于对文本信息进行编码。第二个组件为图卷积网络（Graph Convolutional Networks，GCN），用于对药物分子进行编码，最后将两个组件的输出连接起来。实验证明，与不使用分子图表示作为特征的方法相比，该方法在药物不良反应问题上的 F 值提高了 2.39%。Dutta 等人开发了两个多模式数据集，分别是 BioInfer 和 HRPD50 的扩展和多模式版本，研究用多模态网络处理蛋白质相互作用的任务。他们在文本模态的基础上，为每个实例添加了三维蛋白质结构和潜在的基因组序列两种模态，并使用在大量医学文本（如 PubMed、PMC）上进行预训练的 BioBERT 对文本信息进行编码。应用胶囊网络获取蛋白质分子核苷酸之间的空间信息。同时他们使用具有注意力机制的 Transformer 机制融合三种模态的特征，在两个数据集上都取得了最优结果。Sakhovskiy 等人提出了一种基于用户生成的有关药物的推文信息和药物表示的多模态药物不良反应预测模型，利用 BioBERT 对文本进行编码，利用 MolBERT 预训练模型对药物分子进行编码，分别在 SMM4H 提供的多语言基准数据集上进行实验。实验结果证明，该模型显著提高了法语文本的药物不良反应分类准确率，并分别在 SMM4H 2021 任务 1 和任务 2 中取得了最优结果。

9.1.3 本项目的主要研究内容及创新

通过分析国内外相关研究现状发现，虽然已经有很多学者使用机器学习或深度学习处理药物不良反应相关的文本任务,但社交媒体中文本信息量剧增,各数据类别不平衡问题严重,且从网络中获取的文本语料包含口语、错别字、俚语、隐喻和非标准句法结构。由于格式较短,且缺乏正式药物不良反应报告的结构化形式,给药物不良反应文本识别带来了巨大的挑战。因此,针对药物不良反应文本数据集不平衡且网络文本评论不规范的特点,采用数据增强和多模态结合的方法,实现药物不良反应文本识别研究是本书关注的重点问题。具体内容如下。

(1)基于文本增强的糖尿病药物不良反应检测。有关糖尿病药物不良反应文本语料在目前中文社交媒体中较少见,为了解决这类数据的短缺问题,本书提出一种文本增强的糖尿病药物不良反应检测框架。该框架采用 BERT 和 Word2Vec 模型对文本进行词向量编码,以 BERT 文本增强技术解决数据不平衡问题,利用深度学习模型提取糖尿病药物不良反应文本特征。实验结果表明,采用 BERT 数据增强后的平衡数据集,在将词向量与 BILSTM 算法结合时的预测效果最佳,测试机上的 F1 值达 98.62%,相比利用 Word2Vec 进行特征提取的词向量提高 1.23%,相比数据不平衡状态提高 5.69%。

(2)基于多头注意力机制的决策层融合药物不良反应分类。网络中关于药物不良反应的文本评论多是不规范的,为达到最佳预测效果,本书提出利用多头注意力机制融合文本信息和药物分子嵌入进行药物不良反应分类的学习框架。该框架使用 BioBERT 对文本信息进行编码并使用预训练模型 SMILES-BERT 对药物分子进行编码和分析,利用深度学习模型 BILSTM 与 CNN 联合模型进行训练,最后利用多头注意力机制将文本特征向量与药物分子特征向量进行融合。实验结果表明,该框架可以综合考虑文本和药物信息,实验结果最佳,F1 值达 66.09%。

9.2 数据收集与预处理

本书所使用的数据分别为网络爬虫所得糖尿病药物不良反应数据集和 SMM4H 共享任务所提供的数据集。

糖尿病主要分 1 型糖尿病和 2 型糖尿病,在药物治疗方面主要有磺脲类药物、双胍类降糖药等口服药物治疗,胰岛素注射治疗, GLP-1 受体激动剂(如利拉鲁肽、度拉糖肽)等新型降糖药物治疗。本书根据药物名称、糖尿病、药物副作用等关键字在医学论坛、主流医学博客(如 https://weibo.com/)、贴吧(如 https://www.zhihu.com/)、医疗网站(如 https://www.haodf.com/、https://www.jiankang.com/myft/)中进行搜索,使用爬虫技术从网站中爬取有关抗糖药物不良反应的文本信息。爬虫技术能够低成本、高效率地获取大量网络中的药物不良反应语料,相较于传统的医学文本获取方法更加简便快速,为研究提供了强有力的基础支撑。对获取的文本信息进行数据去重和整理,最终获得 9 600 条数据。

利用 NLP 技术对收集到的语料进行数据处理(除去数据的非中文部分、除去停用词、删除标点符号),使语料结构规范化。由于网络用语和正式的医学报告不同,部分网友会使用非常口语化的表达方式,这些口语化的表达方式也隐含药物不良反应症状,如“最近上腹胀痛、恶心”。本书参考抗糖药物不良反应管理文献,制定了糖尿病药物不良反应症状关键词注释表(表 9.1)。糖尿病药物不良反应症状表达采用特定的关键词(如低血糖反应、乳酸酸中毒、心血管系统反应、脂肪萎缩或坏死）进行注释。除了这些预先确定的关键字，如果患者衍生的独特表达指的是糖尿病药物不良反应，则也被标注为糖尿病药物不良反应。通过对语料的规范化处理，可以使模型正确地识别出句子中的药物不良反应，从而使分类效果达到最佳。

表 9.1　不良反应症状关键词注释表

不良反应	症状
低血糖反应	心悸、出汗、颤抖、饥饿感
变态反应	红肿、皮疹、烧灼感、瘙痒
乳酸酸中毒	呼吸深长、神志模糊、嗜睡、昏迷
脂肪萎缩或坏死	皮肤凹陷、皮下脂肪萎缩、出现单个或多个硬块
心血管系统反应	四肢水肿、胸闷、气促、心绞痛
血液系统反应	贫血、口腔出血

9.2.1 社交媒体健康挖掘共享任务数据集

SMM4H 共享任务是一个旨在促进社交媒体数据在医疗健康领域的应用和研究的国际性竞赛和合作项目。该项目的目标是通过利用社交媒体上的文本数据，提供有关健康和医疗领域的有用信息，如疾病监测、药物不良反应检测、健康行为分析等。SMM4H 共享任务通常包括多个子任务，每个子任务都涉及社交媒体上的健康相关文本数据。①疾病监测：根据社交媒体上的文本数据，识别和追踪特定疾病的发生和传播情况，如流感、抑郁症等。②药物不良反应检测：从社交媒体上的用户反馈中，发现和分析药物使用过程中的不良反应。③健康行为分析：通过社交媒体上的文本数据，了解人们的健康行为和生活方式，如饮食习惯、运动习惯等。SMM4H 共享任务提供了大规模的社交媒体健康相关文本数据集，供参与者进行研究和模型训练。这些数据集通常包括来自不同社交媒体平台（如 Twitter、Reddit 等）的用户发布的文本数据，涵盖了各种与健康相关的主题和话题。数据集会经过预处理和标注，以便处理和评估任务。SMM4H 共享任务不仅促进了社交媒体健康挖掘领域的研究和发展，同时也为学术界和产业界提供了合作的平台。通过共享数据集和比较不同模型和算法的性能，研究者和从业者可以更好地理解社交媒体数据在健康领域的应用潜力，并推动相关技术的进步。

本节将展示如何从 FAERS（FDA Adverse Event Reporting System）数据库下载不良反应数据。FAERS 是一个包含来自医疗机构和消费者的关于药物副作用报告的公共数据库。

1. 使用 Python 下载数据

可以使用 Requests 库来下载 FAERS 数据，并使用 Pandas 库来处理这些数据。

```python
import requests
import pandas as pd
import zipfile
import io

# 设定 FAERS 数据的 URL（假设为公开的 zip 文件）
faers_url = 'https://example.com/faers_data.zip'

# 下载数据
response = requests.get(faers_url)
if response.status_code == 200:
    # 将内容读入一个 zip 文件对象
    z = zipfile.ZipFile(io.BytesIO(response.content))

    # 提取压缩包中的 CSV 文件
    z.extractall("faers_data")

    # 列出解压后的文件
    print(z.namelist())

    # 读取其中一个 CSV 文件到 DataFrame
    df = pd.read_csv("faers_data/some_file.csv")

    # 显示数据的前几行
    print(df.head())
else:
    print(f"Failed to download data. Status code: {response.status_code}")
```

2. 数据预处理

一旦数据下载并解压成功，就可以对数据进行预处理。

```python
# 数据清洗：去除缺失值、重复值
df_cleaned = df.dropna().drop_duplicates()

# 特征工程：例如提取出感兴趣的药物、反应和患者信息
df_filtered = df_cleaned[['Drug', 'Reaction', 'Age', 'Gender', 'Outcome']]
```

```
# 查看处理后的数据
print(df_filtered.head())

# 数据标准化：如对年龄进行标准化处理
df_filtered['Age_standardized'] = (df_filtered['Age'] - df_filtered['Age'].mean()) / df_filtered['Age'].std()

# 将清洗后的数据保存为新的 CSV 文件
df_filtered.to_csv("faers_data/processed_data.csv", index=False)
```

9.2.2 数据预处理示例

在下载并初步清理了数据之后，需要进一步对数据进行处理，使其适用于机器学习模型。

（1）特征选择与生成。从原始数据中选择有用的特征并进行特征工程，例如将年龄分段、为药物名称编码等。

```python
# 将药物名称编码为数值型特征
df_filtered['Drug_encoded'] = df_filtered['Drug'].astype('category').cat.codes

# 将反应（Reaction）编码为数值型特征
df_filtered['Reaction_encoded'] = df_filtered['Reaction'].astype('category').cat.codes

# 特征选择
X = df_filtered[['Drug_encoded', 'Reaction_encoded', 'Age_standardized', 'Gender']]
y = df_filtered['Outcome']   # 假设 Outcome 是我们要预测的目标变量
```

（2）文本特征提取方法。特征提取是文本分类的关键步骤之一，它有助于将原始文本数据转化为机器学习模型可以处理的形式。在机器学习中，传统的特征提取方法（如词袋模型、TF-IDF 和 N-gram 模型）被广泛应用于文本分类任务。这些方法可以通过计算单词的频率、重要性和上下文信息表示文本特征。然而，这些方法由于忽略了单词之间的顺序和语义信息，可能无法充分捕捉到文本的含义。随着深度学习的发展，各种神经网络被广泛应用于 NLP 任务。大量研究表明，在大型语料库上训练的预训练模型（Pre-Training Model，PTMs）可以学习通用语言表示，其优势在于可以利用大量未标注数据学习与上下文相关的通用语言表征。可以通过对特定任务的标注数据进行微调，应用于下游应用。目前，已经提出了许多预训练语言模型，如 ELMo、GPT、BERT、Transformer-XL、XLNet、RoBERTa、BioBERT 等。本书使用 BERT 提取文本特征以及药物分子特征。

9.2.2.1 Word2Vec

Word2Vec 是由 Mikolov 等人在 2013 年提出的词嵌入技术，其目的是将词转化为稠密、连续的向量,以此捕获词与词之间的语义和语法信息。它通过将单词映射到一个低维向量空间中,实现了对单词语义和语法关系的捕捉。Word2Vec 模型主要有两种实现方法:连续词袋模型(Continuous Bag of Words, CBOW)和 Skip-gram 模型。CBOW 模型旨在根据上下文单词预测目标单词,而 Skip-gram 模型旨在根据目标单词预测上下文单词,其网络结构如图 9.1 所示。

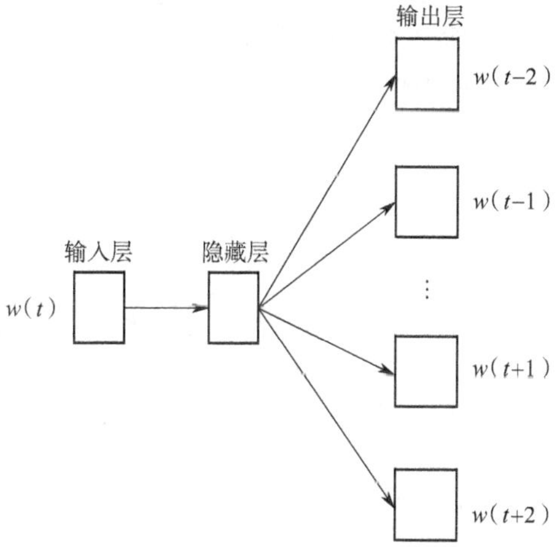

图 9.1 Skip-gram 模型网络结构

本书采用 Skip-gram 模型提取文本特征, Skip-gram 模型的基本思路是使用一个目标单词预测它周围的上下文单词。与 CBOW 模型中根据上下文预测目标单词的策略相反,Skip-gram 模型对目标单词的敏感度更高,从而用于预测其上下文,尤其是当上下文单词离目标单词较远时。

1. Skip-gram 模型的核心步骤

(1)目标和上下文的向量化。

在 Skip-gram 模型中,每个词都被表示为两个独立的向量,一个用作目标词(v_i),另一个用作上下文词(u_j)。目标词向量和上下文词向量位于同一维度空间中。

(2)捕捉上下文关系。

Skip-gram 模型在训练过程中,通过使用目标词向量预测在设定窗口范围内的上下文词汇,从而调整词向量使得学习到的词向量可以准确地表达单词间的关联性。具体地,对于词汇表中的每个目标词(w_t), Skip-gram 模型尝试预测在给定上下文窗口内与之相邻的上下文词汇(w_{t+j})。

(3)优化目标函数。

Skip-gram 模型的目标函数建立在最大化给定目标词的上下文词概率上。这 概率是通过中心词和上下文词的点积,经过 softmax 函数计算后得到的,见公式(9-1)。

$$P(w_o \mid w_c)=\frac{exp\left(u_o^T vc\right)exp\left(u_o^T vc\right)}{i=1^V exp\sum\left(u_i^T v_c\right)\sum i=1^V exp\left(u_i^T v_c\right)} \tag{9-1}$$

其中 $P(w_o \mid w_c)$ 表示在给定中心词 w_c 的条件下出现上下文词 w_o 的概率,V 是词汇表的大小。

（4）更新词向量。

通过梯度下降方法优化目标函数，词向量在经过多次训练迭代后不断更新和调整。最终，目标函数的最大化使 Skip-gram 模型学到的每个词都有一个精确的向量表示，这些表示捕获了词汇的语义和句法属性。

2. 使用 Word2Vec 的 Skip-gram 模型进行文本特征提取

使用 Word2Vec 的 Skip-gram 模型进行文本特征提取，可以有效捕捉词与词之间的关系。Skip-gram 模型的目标是给定一个中心词，预测它周围的上下文词语。以下是在 Python 中使用 Gensim 库实现 Skip-gram 模型文本特征提取的步骤。

（1）确保已经安装了 Gensim 和 NLTK 库。

```bash
pip install gensim nltk
```

（2）使用 NLTK 的布朗语料库作为示例数据。可以使用自己的文本数据集。

```Python
import nltk
from nltk.corpus import brown

# 下载并加载布朗语料库
nltk.download('brown')

# 获取布朗语料库中的新闻类别的句子
sentences = brown.sents(categories='news')

# 查看第一个句子
print(sentences[0])
```

（3）训练 Word2Vec Skip-gram 模型。

使用 Gensim 中的 Word2Vec 类，sg=1 表示使用 Skip-gram 模型。

```Python
from gensim.models import Word2Vec

# 训练 Word2Vec 模型，使用 Skip-gram（sg=1）
model = Word2Vec(sentences, vector_size=100, window=5, min_count=1, workers=4, sg=1)

# 查看模型中某个词的向量表示
word_vector = model.wv['government']
print(word_vector)
```

（4）文本特征提取。可以通过将句子中的所有词语向量平均或累加，来得到整个句子的特征向量。

```python
import numpy as np

def get_sentence_vector(sentence, model):
    # 对于每个词，获取其向量并取平均值
    vector = np.mean([model.wv[word] for word in sentence if word in model.wv], axis=0)
    return vector

# 示例：获取第一个句子的特征向量
sentence_vector = get_sentence_vector(sentences[0], model)
print(sentence_vector)
```

（5）使用模型。可以使用训练好的 Skip-gram 模型处理各种任务，例如查找相似词、计算词语之间的相似度等。

查找与某个词语最相似的词语：

```python
similar_words = model.wv.most_similar('government')
print(similar_words)
```

计算两个词语之间的相似度：

```python
similarity = model.wv.similarity('government', 'politics')
print(similarity)
```

（6）保存和加载模型。可以保存训练好的模型，以便后续使用。

```python
# 保存模型
model.save("skipgram_word2vec.model")

# 加载模型
loaded_model = Word2Vec.load("skipgram_word2vec.model")
```

（7）模型的调整和优化。

可以根据具体需求调整超参数，具体如下。

① vector_size：词向量的维度，通常设置为 100~300。

② window：上下文窗口的大小，即一个词语的前后多少个词语被认为是上下文。

③ min_count：词频的最低阈值，低于这个频率的词将被忽略，可以用来过滤一些不常见的词语。

④ workers：使用的线程数，线程越多训练过程越快。

通过使用 Gensim 的 Word2Vec Skip-gram 模型，可以有效地从文本中提取特征，用于各种 NLP 任务。Skip-gram 模型特别适用于需要捕捉词语之间细微关系的场景，如语义相似性分析和词类聚类。通过上述步骤，可以轻松地在 Python 中实现这一功能，并可根据数据集和任务需求进行调整。

3. 使用 Word2Vec 的 CBOW 模型进行文本特征提取

使用 Word2Vec 的 CBOW 模型进行文本特征提取是一种有效的方法。CBOW 模型的目标是通过给定上下文预测中心词。以下是在 Python 中使用 Gensim 库实现 CBOW 模型文本特征提取的步骤。

（1）安装必要的库。

确保已经安装了 Gensim 和 NLTK 库。

```bash
pip install gensim nltk
```

（2）准备数据。可以使用 NLTK 的布朗语料库作为示例数据，也可以使用自己的文本数据集。

```Python
import nltk
from nltk.corpus import brown

# 下载并加载布朗语料库
nltk.download('brown')

# 获取布朗语料库中的新闻类别的句子
sentences = brown.sents(categories='news')

# 查看第一个句子
print(sentences[0])
```

（3）训练 Word2Vec CBOW 模型。使用 Gensim 中的 Word2Vec 类，默认情况下，sg=0 表示使用 CBOW 模型。只需要提供数据并设置一些超参数来训练模型。

```Python
from gensim.models import Word2Vec

# 训练 Word2Vec 模型，使用 CBOW（sg=0，默认值）
model = Word2Vec(sentences, vector_size=100, window=5, min_count=1, workers=4)
```

```
# 查看模型中某个词的向量表示
word_vector = model.wv['government']
print(word_vector)
```

（4）文本特征提取。可以通过将句子中的所有词语向量平均或累加，来得到整个句子的特征向量。

```Python
import numpy as np

def get_sentence_vector(sentence, model):
    # 对于每个词，获取其向量并取平均值
    vector = np.mean([model.wv[word] for word in sentence if word in model.wv], axis=0)
    return vector

# 示例：获取第一个句子的特征向量
sentence_vector = get_sentence_vector(sentences[0], model)
print(sentence_vector)
```

（5）使用模型。可以使用训练好的 CBOW 模型处理各种任务，例如查找相似词、计算词语之间的相似度等。

查找与某个词语最相似的词语：

```Python
similar_words = model.wv.most_similar('government')
print(similar_words)
```

计算两个词语之间的相似度：

```Python
similarity = model.wv.similarity('government', 'politics')
print(similarity)
```

（6）保存和加载模型。可以保存训练好的模型，以便后续使用。

```Python
# 保存模型
model.save("cbow_word2vec.model")

# 加载模型
loaded_model = Word2Vec.load("cbow_word2vec.model")
```

(7)模型的调整和优化。可以根据具体需求,调整以下超参数。

① vector_size:词向量的维度,通常设置为 100~300。

② window:上下文窗口的大小,即一个词语的前后多少个词语被认为是上下文。

③ min_count:词频的最低阈值,低于这个频率的词将被忽略,可以用来过滤一些不常见的词语。

④ workers:使用的线程数,线程越多训练过程越快。

9.2.2.2 GloVe

GloVe(Global Vectors for Word Representation)是基于全局词频统计的文本表示工具。其集成了共现窗口和全局先验统计数据的优势,在确保高训练效率的同时保留词向量之间的语义信息。词向量和共现矩阵之间的关系可以近似地用公式(9-2)来表达。

$$w_i^T w_j + b_i + b_j = log\left(X_{ij}\right) \tag{9-2}$$

其中 w_i 和 w_j 的词向量可以通过分别考虑偏差 b_i 和 b_j 导出。X 代表共现矩阵,而 X_{ij} 特指在给定上下文窗口内词汇 i 和 j 同时出现的次数。基于公式(9-2),可以构建损失函数。

$$J = \sum_{i,j}^{N} f\left(X_{i,j}\right)[w_i^T w_j + b_i + b_j - log(X_{ij})]^2 \tag{9-3}$$

在共现矩阵的维度为 N 的情况下,方程(9-3)本质上是其原始形式的均方误差损失。因此,研究者引入一个额外的权重函数 $f\left(X_{ij}\right)$,并遵守规定。

(1)与不频繁出现的词相比,频繁出现的词应该具有更大的权重。随着共现计数的增加,权重不应减少,从而使其成为一个非递减函数。

(2)根据第一项规定,对于频繁出现的词,应避免过度加权。

(3)在词的出现计数为零的情况下,即 $X_{ij} = 0$ 时,权重函数必须满足 $f(0) = 0$。

考虑到以上规定,GloVe 模型中的权重函数表示为:

$$f(x) = \begin{cases} \left(\dfrac{x}{x_{\max}}\right)^{\alpha}, & x < x_{\max} \\ 1, & \text{其他} \end{cases} \tag{9-4}$$

通过实证,Pennington 等人推导出了最佳结果,即 $x_{\max}$ 值为 100,α 值为 0.75。应用公式(9-3),研究者可以直接利用预训练的词向量,从而使过程便捷高效。

GloVe 是一种用于生成词向量的无监督学习算法。它通过对词共现矩阵的统计信息进行矩阵分解,生成词向量。以下是使用 GloVe 模型进行文本特征提取的步骤。

可以通过以下方式使用 GloVe 模型。

(1)下载预训练的 GloVe 向量。GloVe 官方提供了多种预训练的词向量模型,可以通过 GloVe 预训练模型下载链接(https://nlp.stanford.edu/projects/glove/)下载。可以选择不同大小的词向量,比如 glove.6B.zip 包含了 50 d、100 d、200 d 和 300 d 的词向量,语料来自 6 B 的令牌。下载并解压缩文件,这里使用 glove.6B.100 d.txt 作为示例。

(2)加载 GloVe 向量到 Python 中。可以编写代码将 GloVe 向量加载到 Python 中并进行操作。

```Python
import numpy as np

# 加载 GloVe 模型
def load_glove_model(glove_file):
    print("Loading Glove Model...")
    model = {}
    with open(glove_file, 'r', encoding='utf-8') as f:
        for line in f:
            split_line = line.split()
            word = split_line[0]
            embedding = np.array([float(val) for val in split_line[1:]])
            model[word] = embedding
    print(f"Done. {len(model)} words loaded!")
    return model

# 加载 GloVe 向量
glove_file = "glove.6B.100 d.txt"
model = load_glove_model(glove_file)
```

（3）使用 GloVe 进行文本特征提取。通过将文本中的词语向量平均化或累加，来得到整个句子的特征向量。

```Python
def get_sentence_vector(sentence, model):
    words = sentence.split()
    vector = np.mean([model[word] for word in words if word in model], axis=0)
    return vector

# 示例句子
sentence = "The quick brown fox jumps over the lazy dog"
sentence_vector = get_sentence_vector(sentence, model)
print(sentence_vector)
```

（4）使用 GloVe 模型。可以通过以下方式使用 GloVe 模型。

查找词语的向量：

```Python
word = "computer"
print(f"Vector for '{word}': {model[word]}")
```

计算两个词语之间的相似度：

```python
from numpy import dot
from numpy.linalg import norm

def cosine_similarity(vec1, vec2):
    return dot(vec1, vec2) / (norm(vec1) * norm(vec2))

word1 = "computer"
word2 = "laptop"
similarity = cosine_similarity(model[word1], model[word2])
print(f"Similarity between '{word1}' and '{word2}': {similarity}")
```

GloVe 模型是一种强大的词向量生成工具，它利用全局词共现矩阵的统计特性，为词语生成向量表示。通过预训练的 GloVe 模型，可以快速加载并使用这些词向量进行文本特征提取和相似性分析。虽然 GloVe 的训练过程相对复杂，但使用预训练的模型可以大大简化应用的步骤。

9.2.2.3 BERT

BERT 是由 Google AI 研究院于 2018 年提出的预训练语言模型，其采用了多层 Transformer 编码器进行连接，是典型的双向编码模型。BERT 的核心思想是通过大规模无监督训练学习语言的表示，为各种下游 NLP 任务提供强大的特征表示能力。BERT 网络结构如图 9.2 所示。

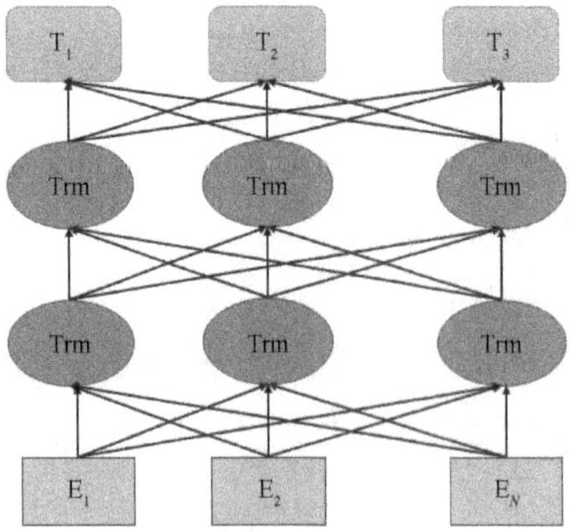

图 9.2 BERT 网络结构

1. BERT 的核心思想和理论

（1）上下文词嵌入。

BERT 的核心在于利用双向上下文进行词嵌入的学习。不同于之前的预训练模型，BERT 不是单向地考虑上下文信息（即只有左侧或右侧上下文）。相反，其采用了一种独特的“掩码语言模型”（Masked Language Model，MLM）训练任务，随机掩盖输入句子中的一部分单词，然后预测这些掩码单词。这种方法使得每个单词都可以同时获得其左右两侧上下文信息的深层表示。具体而言，给定一个单词序列 $W = w_1, \cdots, w_N$，BERT 的目标是学习这些单词的深层双向表示 $\mathrm{C} = \mathrm{c}_1, \cdots, \mathrm{c}_N$。在这个表示集合中，每个词嵌入 c_i 不仅融合了该词之前的信息（即左侧上下文），也整合了该词之后的信息（即右侧上下文），如公式（9-5）所示。

$$\mathrm{c}_i = \mathrm{BERT\_Encoder}[\mathrm{e}_i, \mathrm{Attention}(\mathrm{e}_1, \cdots, \mathrm{e}_N)] \tag{9-5}$$

其中，e_i 表示单词 w_i 的初始词嵌入，Attention 函数代表了模型内部的自注意力机制，它便是使得 BERT 能够对句子中的每个词进行全方位上下文编码的关键。通过深层神经网络堆叠的多个这样的编码器层，BERT 能够生成极其丰富的单词表示 C，这些表示深化了模型对语言结构和含义的理解，极大地提升了后续任务的性能。

（2）双向 Transformer 编码器。

BERT 的强大之处来自其使用的 Transformer 结构，如图 9.3 所示。Transformer 是一种基于自注意力机制（self-attention）的架构，能够高效地捕捉单词与文本内其他单词之间的关

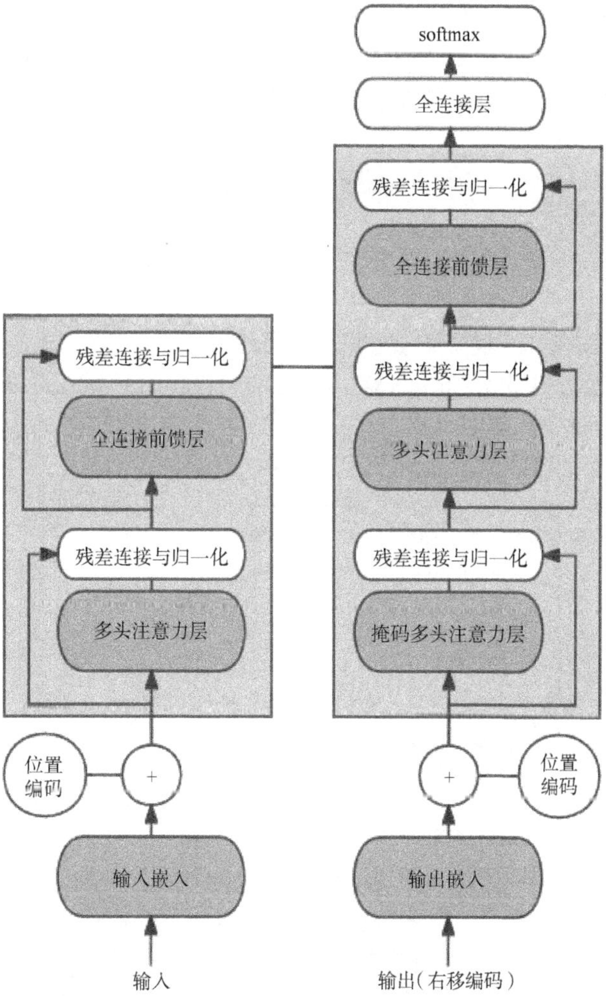

图 9.3　Transform 结构图

系。BERT 采用了 Transformer 的编码器部分，其由多层编码器堆叠而成。每层编码器包含两个主要子层：自注意力子层和一个简单的全连接前馈网络。BERT 通过这种设计可以对单词在不同级别捕获全局依赖信息。

（3）预训练和微调。

BERT 的训练过程可以分为预训练和微调两个阶段。在预训练阶段，BERT 在大规模的未标注语料库上训练，主要任务是掩码语言模型（Masked Language Model，MLM）和下一句预测（Next Sentence Prediction，NSP）。预训练结束后，BERT 可以被用于处理各种下游 NLP 任务，如情感分析、问答系统、命名实体识别等。微调阶段则是根据特定任务提供少量标注数据，通过细调 BERT 让它更好地适应该任务。

（4）损失函数与优化。

BERT 通过最小化损失函数进行自我优化。在 MLM 任务中，损失函数为掩码单词的负对数似然函数，而在 NSP 任务中则是预测下一句的二分交叉熵损失函数。通过这种方式，BERT 能够理解和生成具有特定意义的语言模式。使用优化算法（如 Adam 优化器），BERT 的参数能够被更新，从而使 BERT 更好地捕捉语言的细节和复杂度。

2. BERT 提取文本特征实现案例

使用 BERT 提取文本特征是 NLP 领域中非常有效的方法。BERT 能够捕捉上下文的双向信息，适用于特征提取、文本分类、句子相似度计算等任务。以下是利用 BERT 提取文本特征的 Python 实现案例。

（1）安装必要的库。本例使用 Transformers 库，它由 Hugging Face 提供，用于处理各种预训练模型，包括 BERT。

```bash
pip install transformers torch
```

（2）加载预训练的 BERT 和分词器。使用 Transformers 库中的 BertModel 和 BertTokenizer 类来加载预训练的 BERT 和对应的分词器。

```Python
from transformers import BertTokenizer, BertModel
import torch

# 加载预训练的 BERT 模型和分词器
tokenizer = BertTokenizer.from_pretrained('bert-base-uncased')
model = BertModel.from_pretrained('bert-base-uncased')
```

（3）文本预处理。BERT 需要将输入文本转换为模型能够接受的格式，包括 Tokenization、添加特殊 Tokens（[CLS]，[SEP]）、生成 attention mask 等。

```Python
# 示例文本
text = "The quick brown fox jumps over the lazy dog."
```

```
# 将文本编码为 BERT 所需的格式
inputs = tokenizer(text, return_tensors='pt', max_length=512, truncation=True, padding='max_length')

# 查看编码后的结果
print(inputs)
```

（4）提取文本特征。通过将编码后的输入传递给 BERT，得到每个 Token 的向量表示。通常使用 [CLS] Token 对应的向量作为整个句子的特征表示。

```python
# 将输入数据传递给 BERT 模型
with torch.no_grad():
    outputs = model(**inputs)

# 提取 [CLS] token 的向量表示（即句子的特征向量）
sentence_vector = outputs.last_hidden_state[:, 0, :].squeeze()

# 查看句子的特征向量
print(sentence_vector.shape)
print(sentence_vector)
```

（5）应用场景。

文本分类：提取的句子特征可以作为输入特征，传递给分类器（如逻辑回归、SVM、神经网络）进行文本分类。

句子相似度计算：可以计算两个句子特征向量的余弦相似度，以衡量句子之间的相似性。

```python
from numpy import dot
from numpy.linalg import norm

# 示例：计算两个句子之间的相似度
def cosine_similarity(vec1, vec2):
    return dot(vec1, vec2) / (norm(vec1) * norm(vec2))

text1 = "The quick brown fox jumps over the lazy dog."
text2 = "A fast brown fox leaps over a lazy dog."
```

```
    # 对两个句子分别提取特征向量
    inputs1 = tokenizer(text1, return_tensors='pt', max_length=512, truncation=True, padding='max_length')
    inputs2 = tokenizer(text2, return_tensors='pt', max_length=512, truncation=True, padding='max_length')

    with torch.no_grad():
        outputs1 = model(**inputs1)
        outputs2 = model(**inputs2)

    vector1 = outputs1.last_hidden_state[:, 0, :].squeeze()
    vector2 = outputs2.last_hidden_state[:, 0, :].squeeze()

    # 计算相似度
    similarity = cosine_similarity(vector1.numpy(), vector2.numpy())
    print(f"Cosine similarity between the two sentences: {similarity}")
```

（6）进一步优化。

Fine-tuning：对特定任务进行微调可以提高模型性能。可以使用任务特定的数据集来微调 BERT，以便更好地适应应用场景。

Pooling Strategies：除了使用 [CLS] Token 的向量，也可以尝试其他池化策略，例如平均池化或最大池化整个句子的 Token 向量。

BERT 是一个强大的工具，特别适合从文本中提取高质量的特征，用于各种下游 NLP 处理任务。通过 Transformers 库，可以方便地在 Python 中加载 BERT，并应用于特征提取、分类、相似度计算等任务。

9.2.2.4 BioBERT

随着生物医学文献量的急剧增长，依托文本挖掘技术对生物医学领域数据进行研究变得愈加关键。NLP 技术的不断进步，使得研究者能够从大规模生物医学文献中提取具有重要价值的信息。而深度学习的发展进一步促进了生物医学文献分析方法的演化。然而，直接将 NLP 技术应用于生物医学文献分析可能成效甚微，原因在于传统领域的语料库与生物医学专业文献在内容上差异颇大，特别是后者含有众多专业术语和特定名词。为了解决这一问题，研究者使用一般领域的 BERT 在生物医学数据中进行额外的预训练，调整了一种名为 BioBERT 的预训练语言模型以适应生物医学文本的特殊性。

BioBERT 是一种专为生物医学研究领域设计的预训练语言模型，其基于 Transformer 结构。该结构在多项 NLP 任务中充分展现了其出色的性能，其擅长捕捉句子中的长期依赖关系和高度复杂的语言规则，这使其成为分析生物医学文献的理想工具。BioBERT 通过在大量生物医学语料库上进行预训练，如 PubMed 的文摘和全文等，使得模型能够掌握生物医学领域独有的语言和上下文特征，包括但不限于医疗术语、药物名称以及相关的基因和蛋白质术语。BioBERT 利用无监督学习方法进行预训练,即通过分析给定单词的上下文预测文句中的后续词汇。完成预训练后，BioBERT 可依据具体需求在特定的生物医学下游任务上进行微调,例如命名实体识别或者关系挖掘。微调过程是指在特定任务所涉及的更小数据集上进行学习,为应用模型预训练阶段积累所需要的知识。通过针对特定任务对预训练模型进行微调,能够显著提高模型在该特定领域的预测准确度。

1. BioBERT 提取文本特征实现案例

BioBERT 是一种基于 BERT 的预训练模型,专门应用于生物医学文本设计和优化。它可以用于提取生物医学领域的文本特征,进行命名实体识别、关系抽取、文献分类等任务。以下是使用 BioBERT 提取文本特征的 Python 实现案例。

(1)安装必要的库。

本例使用 Transformers 库,它由 Hugging Face 提供,用于加载 BioBERT 和分词器。

```bash
pip install transformers torch
```

(2)加载预训练的 BioBERT 和分词器。

需要加载预训练的 BioBERT 和对应的分词器。BioBERT 可以通过 Hugging Face 的 Transformers 库来加载。

```Python
from transformers import BertTokenizer, BertModel
import torch

# 加载预训练的 BioBERT 模型和分词器
tokenizer = BertTokenizer.from_pretrained('dmis-lab/biobert-base-cased-v1.1')
model = BertModel.from_pretrained('dmis-lab/biobert-base-cased-v1.1')
```

(3)文本预处理。

BioBERT 需要将输入文本转换为模型能够接受的格式,包括 Tokenization、添加特殊 Tokens([CLS], [SEP])、生成 attention mask 等。

```Python
# 示例生物医学文本
text = "The patient was diagnosed with chronic obstructive pulmonary disease."

# 将文本编码为 BioBERT 所需的格式
inputs = tokenizer(text, return_tensors='pt', max_length=512, truncation=True, pad-
ding='max_length')

# 查看编码后的结果
print(inputs)
```

(4)提取文本特征。

通过将编码后的输入传递给 BioBERT,得到每个 Token 的向量表示。通常使用 [CLS] Token 对应的向量作为整个句子的特征表示。

```python
# 将输入数据传递给 BioBERT 模型
with torch.no_grad():
    outputs = model(**inputs)

# 提取 [CLS] Token 的向量表示(即句子的特征向量)
sentence_vector = outputs.last_hidden_state[:, 0, :].squeeze()

# 查看句子的特征向量
print(sentence_vector.shape)
print(sentence_vector)
```

(5)应用场景。

文本分类:提取的句子特征可以作为输入特征,传递给分类器(如逻辑回归、SVM、神经网络)进行文本分类。

句子相似度计算:可以计算两个句子特征向量的余弦相似度,以衡量句子之间的相似性。

```python
from numpy import dot
from numpy.linalg import norm

# 示例:计算两个句子之间的相似度
def cosine_similarity(vec1, vec2):
    return dot(vec1, vec2) / (norm(vec1) * norm(vec2))

text1 = "The patient was diagnosed with chronic obstructive pulmonary disease."
text2 = "COPD is a chronic inflammatory lung disease that obstructs airflow from the lungs."

# 对两个句子分别提取特征向量
inputs1 = tokenizer(text1, return_tensors='pt', max_length=512, truncation=True, padding='max_length')
inputs2 = tokenizer(text2, return_tensors='pt', max_length=512, truncation=True, padding='max_length')
```

```
with torch.no_grad():
    outputs1 = model(**inputs1)
    outputs2 = model(**inputs2)

vector1 = outputs1.last_hidden_state[:, 0, :].squeeze()
vector2 = outputs2.last_hidden_state[:, 0, :].squeeze()

# 计算相似度
similarity = cosine_similarity(vector1.numpy(), vector2.numpy())
print(f"Cosine similarity between the two sentences: {similarity}")
```

（6）进一步优化。

Fine-tuning：对特定的生物医学任务进行微调可以提高模型性能。可以使用任务特定的数据集来微调 BioBERT，以便更好地适应应用场景。

Pooling Strategies：除了使用 [CLS] Token 的向量，也可以尝试其他池化策略，例如平均池化或最大池化整个句子的 Token 向量。

BioBERT 是一个强大的工具，特别适合从生物医学文本中提取高质量的特征，用于各种下游 NLP 任务。通过 Transformers 库，可以方便地在 Python 中加载预训练的 BioBERT，并应用于特征提取、分类、相似度计算等任务。

2. 数据集划分

可将数据集划分为训练集、验证集和测试集，以便进行模型训练和评估。

```python
from sklearn.model_selection import train_test_split

# 划分数据集
X_train, X_test, y_train, y_test = train_test_split(X, y, test_size=0.2, random_state=42)

print(f" 训练集大小: {X_train.shape}")
print(f" 测试集大小: {X_test.shape}")
```

通过这些步骤，数据将被整理成适用于机器学习模型的格式。接下来，学生可以使用这些预处理后的数据，继续进行模型的选择和训练。

9.3　模型选择与训练

9.3.1　逻辑回归（Logistic Regression）

逻辑回归是一个简单而有效的分类算法，适用于二分类问题。在药物不良反应预测中，逻辑回归可以用于预测某种药物是否会导致某种不良反应。

```python
from sklearn.linear_model import LogisticRegression
from sklearn.metrics import accuracy_score, roc_auc_score, classification_report

# 初始化逻辑回归模型
log_reg = LogisticRegression()

# 训练模型
log_reg.fit(X_train, y_train)

# 预测
y_pred = log_reg.predict(X_test)

# 模型评估
accuracy = accuracy_score(y_test, y_pred)
roc_auc = roc_auc_score(y_test, log_reg.predict_proba(X_test)[:, 1])

print(f"Accuracy: {accuracy}")
print(f"ROC AUC Score: {roc_auc}")
print(classification_report(y_test, y_pred))
```

9.3.2　支持向量机（SVM）

SVM 是一种强大的分类算法，特别适合处理高维数据。SVM 可以通过选择不同的核函数（如线性核、RBF 核）来适应不同的数据分布。

```python
from sklearn.svm import SVC

# 初始化支持向量机模型，使用 RBF 核
svm = SVC(kernel='rbf', probability=True)

# 训练模型
svm.fit(X_train, y_train)

# 预测
y_pred = svm.predict(X_test)

# 模型评估
```

```
accuracy = accuracy_score(y_test, y_pred)
roc_auc = roc_auc_score(y_test, svm.predict_proba(X_test)[:, 1])

print(f"Accuracy: {accuracy}")
print(f"ROC AUC Score: {roc_auc}")
print(classification_report(y_test, y_pred))
```

9.3.3 随机森林（Random Forest）

随机森林是由多棵决策树组成的集成学习方法，通过结合多个模型的预测结果来提高模型的性能和稳定性。

```python
from sklearn.ensemble import RandomForestClassifier

# 初始化随机森林模型
rf = RandomForestClassifier(n_estimators=100, random_state=42)

# 训练模型
rf.fit(X_train, y_train)

# 预测
y_pred = rf.predict(X_test)

# 模型评估
accuracy = accuracy_score(y_test, y_pred)
roc_auc = roc_auc_score(y_test, rf.predict_proba(X_test)[:, 1])

print(f"Accuracy: {accuracy}")
print(f"ROC AUC Score: {roc_auc}")
print(classification_report(y_test, y_pred))
```

9.3.4 XGBoost

XGBoost 是一种基于梯度提升的集成学习算法，其因效率和准确性高而在多个竞赛中表现突出，特别适合解决结构化数据的分类问题。

```python
import xgboost as xgb
from sklearn.metrics import accuracy_score, roc_auc_score, classification_report
```

```
# 初始化 XGBoost 模型
xgb_model = xgb.XGBClassifier(use_label_encoder=False, eval_metric='logloss')

# 训练模型
xgb_model.fit(X_train, y_train)

# 预测
y_pred = xgb_model.predict(X_test)

# 模型评估
accuracy = accuracy_score(y_test, y_pred)
roc_auc = roc_auc_score(y_test, xgb_model.predict_proba(X_test)[:, 1])

print(f"Accuracy: {accuracy}")
print(f"ROC AUC Score: {roc_auc}")
print(classification_report(y_test, y_pred))
```

9.3.5 深度学习模型

对于复杂的数据集，深度学习模型，如多层感知器（MLP），可能更适合。下面使用 Keras 来构建一个简单的神经网络。

```
Python
from keras.models import Sequential
from keras.layers import Dense
from sklearn.preprocessing import StandardScaler

# 数据标准化
scaler = StandardScaler()
X_train_scaled = scaler.fit_transform(X_train)
X_test_scaled = scaler.transform(X_test)

# 初始化神经网络模型
model = Sequential()
model.add(Dense(64, input_dim=X_train_scaled.shape[1], activation='relu'))
model.add(Dense(32, activation='relu'))
model.add(Dense(1, activation='sigmoid'))
```

```
# 编译模型
model.compile(loss='binary_crossentropy', optimizer='adam', metrics=['accuracy'])

# 训练模型
model.fit(X_train_scaled, y_train, epochs=10, batch_size=10, verbose=1)

# 预测
y_pred = model.predict(X_test_scaled).round()

# 模型评估
accuracy = accuracy_score(y_test, y_pred)
roc_auc = roc_auc_score(y_test, model.predict(X_test_scaled))

print(f"Accuracy: {accuracy}")
print(f"ROC AUC Score: {roc_auc}")
print(classification_report(y_test, y_pred))
```

9.3.6 模型选择与超参数优化

在选择模型时，可以通过交叉验证和网格搜索等方法来优化模型的超参数，从而找到最适合数据集的模型。

```Python
from sklearn.model_selection import GridSearchCV

# 定义参数网格
param_grid = {
    'n_estimators': [50, 100, 200],
    'max_depth': [None, 10, 20, 30],
    'min_samples_split': [2, 5, 10]
}

# 初始化随机森林模型
rf = RandomForestClassifier(random_state=42)

# 网格搜索
grid_search = GridSearchCV(estimator=rf, param_grid=param_grid, cv=5, scoring='roc_auc', verbose=2, n_jobs=-1)
```

```
# 训练模型
grid_search.fit(X_train, y_train)

# 打印最佳参数和得分
print(f"Best Parameters: {grid_search.best_params_}")
print(f"Best ROC AUC Score: {grid_search.best_score_}")

# 使用最佳参数预测
best_rf = grid_search.best_estimator_
y_pred = best_rf.predict(X_test)

# 最终评估
accuracy = accuracy_score(y_test, y_pred)
roc_auc = roc_auc_score(y_test, best_rf.predict_proba(X_test)[:, 1])

print(f"Final Accuracy: {accuracy}")
print(f"Final ROC AUC Score: {roc_auc}")
print(classification_report(y_test, y_pred))
```

这一部分介绍了如何使用不同的机器学习算法来训练预测药物不良反应的模型。每种算法都有其优缺点,选择哪种算法取决于数据的特性和任务的需求。通过反复试验和超参数优化,可以找到最适合特定数据集的模型。

9.4 模型验证与测试

9.4.1 交叉验证

交叉验证是一种评估模型泛化性能的方法,常见的是 K 折交叉验证。可以使用 scikit-learn 中的 cross_val_score 函数进行 K 折交叉验证。

```Python
from sklearn.model_selection import cross_val_score

# 使用逻辑回归模型进行 5 折交叉验证
log_reg = LogisticRegression()
cv_scores = cross_val_score(log_reg, X, y, cv=5, scoring='roc_auc')

# 打印每折的 AUC 分数和平均 AUC 分数
print(f"Cross-validation AUC scores: {cv_scores}")
print(f"Mean AUC score: {cv_scores.mean()}")
```

9.4.2 混淆矩阵

混淆矩阵用于展示模型在测试集上的分类结果，识别模型在正负类上的分类准确度。

```python
from sklearn.metrics import confusion_matrix, ConfusionMatrixDisplay

# 预测结果
y_pred = log_reg.predict(X_test)

# 计算混淆矩阵
cm = confusion_matrix(y_test, y_pred)

# 可视化混淆矩阵
disp = ConfusionMatrixDisplay(confusion_matrix=cm)
disp.plot()
```

9.4.3 ROC 曲线与 AUC 值

ROC（Receiver Operating Characteristic）曲线和 AUC（Area Under the Curve）值是评估分类模型性能的重要工具。ROC 曲线展示了模型在不同阈值下的表现，而 AUC 值则衡量了模型的整体表现。

```python
from sklearn.metrics import roc_curve, auc
import matplotlib.pyplot as plt

# 计算 ROC 曲线
fpr, tpr, thresholds = roc_curve(y_test, log_reg.predict_proba(X_test)[:, 1])

# 计算 AUC 值
roc_auc = auc(fpr, tpr)

# 绘制 ROC 曲线
plt.figure()
plt.plot(fpr, tpr, color='darkorange', lw=2, label=f'ROC curve (area = {roc_auc:.2f})')
plt.plot([0, 1], [0, 1], color='navy', lw=2, linestyle='--')
plt.xlim([0.0, 1.0])
plt.ylim([0.0, 1.05])
```

```
plt.xlabel('False Positive Rate')
plt.ylabel('True Positive Rate')
plt.title('Receiver Operating Characteristic')
plt.legend(loc="lower right")
plt.show()
```

9.4.4 过拟合检测

通过分析训练误差和验证误差的变化趋势,可以判断模型是否出现了过拟合。如果训练误差很低,但验证误差很高,通常意味着模型过拟合。

```Python
import matplotlib.pyplot as plt

# 假设我们有训练过程中的损失记录
history = model.fit(X_train_scaled, y_train, validation_data=(X_test_scaled, y_test), epochs=50, batch_size=10, verbose=1)

# 绘制训练和验证损失随 epoch 的变化
plt.plot(history.history['loss'], label='Train Loss')
plt.plot(history.history['val_loss'], label='Validation Loss')
plt.xlabel('Epochs')
plt.ylabel('Loss')
plt.title('Training and Validation Loss')
plt.legend()
plt.show()
```

9.4.5 K 折交叉验证与模型评估

通过使用 K 折交叉验证,可以获得模型在不同数据划分上的平均性能,从而得到更稳健的模型评估。

```Python
from sklearn.model_selection import StratifiedKFold
from sklearn.metrics import roc_auc_score

# 初始化 K 折交叉验证器
kf = StratifiedKFold(n_splits=5)

auc_scores = []
```

```
# 进行 K 折交叉验证
for train_index, val_index in kf.split(X, y):
    X_train_k, X_val_k = X.iloc[train_index], X.iloc[val_index]
    y_train_k, y_val_k = y.iloc[train_index], y.iloc[val_index]

    # 训练模型
    log_reg.fit(X_train_k, y_train_k)

    # 预测验证集
    y_val_pred = log_reg.predict_proba(X_val_k)[:, 1]

    # 计算 AUC
    auc = roc_auc_score(y_val_k, y_val_pred)
    auc_scores.append(auc)

# 打印平均 AUC 分数
print(f"Mean AUC across folds: {sum(auc_scores) / len(auc_scores):.2f}")
```

这一部分介绍了如何通过交叉验证、混淆矩阵、ROC 曲线与 AUC 值等工具，对机器学习模型进行验证与测试。这些技术能够帮助研究者更好地理解模型的表现，确保模型在实际应用中的稳定性和可靠性。同时，通过过拟合检测，可以优化模型的训练过程，避免模型在训练数据上表现良好但在测试数据上表现不佳。

9.5　部署与优化

9.5.1　使用 Flask 部署模型

Flask 是一个轻量级的 Web 框架，常用于构建 Web 应用和 API。下面展示如何使用 Flask 将训练好的模型部署为一个 Web 服务。

```Python
from flask import Flask, request, jsonify
import pickle

# 加载训练好的模型
with open('model.pkl', 'rb') as f:
    model = pickle.load(f)
```

```
# 初始化 Flask 应用
app = Flask(__name__)

@app.route('/predict', methods=['POST'])
def predict():
    # 获取 JSON 请求中的数据
    data = request.get_json(force=True)

    # 将数据转为模型需要的格式
    features = [data['feature1'], data['feature2'], data['feature3']]

    # 进行预测
    prediction = model.predict([features])

    # 返回结果
    return jsonify({'prediction': int(prediction[0])})

if __name__ == '__main__':
    app.run(debug=True, host='0.0.0.0')
```

运行上述代码后，Flask 应用将在本地服务器上运行,并可以通过 /predict 端点接受 POST 请求进行预测。

9.5.2 使用 Docker 容器化模型

为了简化模型的部署和管理,可以使用 Docker 将应用容器化。以下是一个简单的 Dockerfile 示例,展示如何将上述 Flask 应用打包为 Docker 镜像。

```
Dockerfile
# 使用 Python 官方镜像作为基础镜像
FROM python:3.8-slim

# 设置工作目录
WORKDIR /app

# 复制当前目录下的文件到工作目录
COPY . /app

# 安装依赖
RUN pip install -r requirements.txt
```

```
# 暴露 Flask 默认的 5000 端口
EXPOSE 5000

# 启动 Flask 应用
CMD ["python", "app.py"]
```

在包含上述 Dockerfile 的目录中，运行以下命令构建 Docker 镜像：

```bash
docker build -t flask-ml-app .
```

构建完成后，可以使用以下命令运行 Docker 容器：

```bash
docker run -p 5000:5000 flask-ml-app
```

此时，模型已部署在 Docker 容器中，应用运行在本地的 5000 端口。

9.5.3　优化模型性能

在生产环境中，模型性能的优化至关重要。以下是一些常见的优化方法。

1. 模型压缩

模型压缩可以使模型变小，从而提高推理速度和少占内存。常见的压缩方法包括量化、剪枝和蒸馏。

```Python
# 示例：使用模型蒸馏（distillation）压缩模型
from sklearn.ensemble import RandomForestClassifier
from sklearn.model_selection import train_test_split
from sklearn.metrics import accuracy_score

# 假设我们有一个大型的复杂模型
large_model = RandomForestClassifier(n_estimators=200)

# 训练大型模型
large_model.fit(X_train, y_train)

# 生成软标签（soft labels）
soft_labels = large_model.predict_proba(X_train)

# 使用小模型（student model）来拟合软标签
```

```
small_model = RandomForestClassifier(n_estimators=50)
small_model.fit(X_train, soft_labels)

# 小模型的预测性能
y_pred = small_model.predict(X_test)
accuracy = accuracy_score(y_test, y_pred)
print(f"Small model accuracy: {accuracy}")
```

2. 模型缓存

对于推理过程固定的模型,可以通过缓存模型的中间结果来减少重复计算,提高响应速度。

```python
from functools import lru_cache

# 假设我们的模型预测函数如下
@lru_cache(maxsize=100)
def predict_with_cache(features):
    return model.predict(features)
```

3. 并行化与批处理

在高负载场景下,可以通过并行化处理请求或者批量处理预测任务来提高效率。

```python
# 示例:批量处理
def batch_predict(features_list):
    predictions = model.predict(features_list)
    return predictions

# 示例:使用多线程处理并行请求(Flask app 中)
from flask import Flask
from concurrent.futures import ThreadPoolExecutor

app = Flask(__name__)
executor = ThreadPoolExecutor(2)

@app.route('/predict_batch', methods=['POST'])
def predict_batch():
    data = request.get_json(force=True)
    features_list = data['features']
```

```
        future = executor.submit(batch_predict, features_list)
        predictions = future.result()
        return jsonify({'predictions': predictions.tolist()})
```

本节介绍了如何将机器学习模型部署为一个 Web 服务，并通过使用 Docker 将应用容器化，简化部署流程。此外，还探讨了模型性能优化的常见方法，如模型压缩、缓存、并行化等。这些技术能够有效提高模型在生产环境中的运行效率和稳定性。

第 10 章　测试与部署

10.1　单元测试与集成测试

10.1.1　测试的基本概念

1. 测试的目的

软件测试的主要目的是发现和修复代码中的错误，确保软件功能的正确性和性能的可靠性。测试能够帮助开发者验证每个代码单元的功能是否符合预期，并保证各个模块之间能够正确协同工作。

2. 测试的类型

（1）单元测试：针对代码中的最小可测试单元（如函数或方法）进行测试，以确保每个单元的行为符合预期。

（2）集成测试：在各个单元通过测试后，测试它们之间的交互模式，以确保模块之间能正确集成并共同实现功能。

10.1.2　单元测试

1. 单元测试的概念

单元测试是对软件中的独立单元进行验证，通常由开发者编写，并在开发过程中持续运行。单元测试的目的是隔离代码单元，验证其正确性，使其不受其他部分的影响。

2. 如何编写单元测试

（1）测试框架：使用测试框架（如 C++ 的 Google Test，Python 的 unittest 或 pytest）编写和运行单元测试。选择适合语言的测试框架是编写高效单元测试的第一步。

（2）测试用例：为每个函数或方法编写多个测试用例，覆盖各种正常和异常输入情况。确保测试用例能捕获潜在的边界情况和异常处理。

（3）测试驱动开发（TDD）：采用测试驱动开发的方法，即先编写测试用例，再编写实现代码。通过这种方法，开发者可以确保代码在编写时就能够通过预定的测试，从而提高代码的可靠性。

示例代码（以 Python 为例）如下。

```
Python
```

```
import unittest

# 假设我们有一个简单的函数来计算两个数的和
def add(a, b):
```

```
    return a + b

class TestMathFunctions(unittest.TestCase):
    def test_add_positive(self):
        self.assertEqual(add(1, 2), 3)

    def test_add_negative(self):
        self.assertEqual(add(-1, -2), -3)

    def test_add_zero(self):
        self.assertEqual(add(0, 0), 0)

if __name__ == '__main__':
    unittest.main()
```

3. 单元测试的好处

（1）提高代码质量：通过验证每个单元的功能，开发者能够较早发现并修复错误，确保代码的正确性。

（2）支持代码重构：单元测试为代码重构提供了保障，确保代码在重构后功能依然正常。

（3）文档作用：单元测试用例也能作为代码的使用示例，帮助其他开发者理解代码功能。

10.1.3　集成测试

1. 集成测试的概念

集成测试是在各个模块通过单元测试后，测试它们的集成情况。集成测试的目的是验证模块之间的接口和交互是否正确，确保它们能够共同完成预定的任务。

2. 测试策略

（1）增量集成测试：逐步将各个模块集成在一起，并在每次集成后进行测试。可以分为自顶向下集成、自底向上集成或混合模式。

（2）大爆炸集成测试：所有模块同时集成并测试。这种方法适合模块之间依赖关系较少的情况，但风险较高，可能会导致问题难以定位。

（3）测试用例设计：集成测试用例应考虑模块之间的接口、数据传输、依赖关系和交互模式。测试内容包括接口一致性、数据正确性、错误处理和性能验证等。

（4）自动化测试：使用自动化测试框架（如 Selenium、Jenkins 等）运行集成测试，特别是在持续集成（CI）环境中，能够保证每次代码变更后都进行完整的集成测试。

集成测试示例（以 Python 为例）代码如下。

```python
Python
# 模块 A
def fetch_data():
    return {"name": "John Doe", "age": 30}

# 模块 B
def process_data(data):
    return f"Name: {data['name']}, Age: {data['age']}"

# 集成测试
def test_integration():
    data = fetch_data()
    result = process_data(data)
    assert result == "Name: John Doe, Age: 30"

if __name__ == '__main__':
    test_integration()
```

3. 集成测试的好处

（1）发现接口问题：集成测试可以发现模块之间的接口不匹配问题，如数据格式不一致、参数传递错误等。

（2）验证整体功能：通过集成测试，确保各个模块在一起工作时能够实现预定的整体功能。

（3）提高系统稳定性：集成测试有助于在早期发现系统级别的问题，降低后期出现重大缺陷的风险。

10.1.4 单元测试与集成测试的结合

1. 测试金字塔

在软件开发中，测试金字塔是一种常用的策略，底层是大量的单元测试，确保代码基础的稳定性；中间是较少的集成测试，确保模块之间的协作性；最上层是少量的端到端测试（E2E），验证整个系统的功能和性能。

2. 持续集成与测试

将单元测试和集成测试集成到持续集成（CI）管道中，确保每次代码提交后自动运行所有测试，快速发现问题并修复。常用的 CI 工具如 Jenkins、GitLab CI、Travis CI 等，能够与版本控制系统（如 Git）结合，实现自动化测试流程。

3. 回归测试

在系统更新或修复后，回归测试是确保新代码没有引入新的错误或破坏现有功能的重要手段。通过运行单元测试和集成测试的完整套件，可确保系统的稳定性和可靠性。

通过对本章的学习，学生将理解单元测试和集成测试的重要性，并掌握如何编写和运行这些测试来验证代码的正确性和模块的集成性。这些技能在软件开发，尤其是生物信息学工具开发中，能够极大地提升代码质量，确保工具的稳定性和可靠性。

10.2　部署 Flask 应用

10.2.1　部署的基本概念

1. 部署的定义

部署是指将开发完成的 Web 应用放到生产服务器上，使其能够被最终用户访问和使用的过程。对于 Flask 应用，部署通常涉及将代码、依赖项、数据库和配置文件上传到服务器，并配置服务器环境以支持应用的运行。

2. 开发环境和生产环境

（1）开发环境：开发者在本地进行应用开发和测试的环境，通常具有调试信息、热加载功能和较少的安全限制。

（2）生产环境：应用实际运行的环境，通常有更严格的安全措施和更优化的性能设置，并移除了调试功能，以确保应用的稳定性和安全性。

10.2.2　部署 Flask 应用的步骤

1. 准备生产环境

（1）选择服务器：可以使用虚拟专用服务器（VPS）、云平台（如 AWS、Google Cloud、Azure）或 PaaS 平台（如 Heroku）来部署 Flask 应用。可根据项目规模和需求选择合适的托管方式。

（2）操作系统和依赖项：大多数服务器运行 Linux 系统（如 Ubuntu、CentOS）。需要确保服务器上安装了 Python、pip 和虚拟环境工具（如 venv 或 virtualenv），以及其他所需的软件包（如 Nginx、Gunicorn 等）。

2. 设置虚拟环境

（1）创建虚拟环境代码如下。

```
bash
python3 -m venv venv
```

该命令将在项目目录中创建一个名为 venv 的虚拟环境。

（2）激活虚拟环境代码如下。

```
bash
source venv/bin/activate
```

激活虚拟环境后，所有的 Python 包将安装在该环境中，而不会影响系统的全局 Python 环境。

（3）安装依赖项代码如下。

```bash
pip install -r requirements.txt
```

确保在虚拟环境中安装所有项目依赖项。

3. 配置应用

（1）设置环境变量：在生产环境中，通过环境变量管理敏感信息和配置参数。可以使用.env 文件设置环境变量或在服务器上直接设置环境变量。

（2）配置 Flask 应用：通常在生产环境中将 Flask 应用的 FLASK_ENV 设置为 production，并确保应用关闭调试模式，示例代码如下。

```Python
app.config['ENV'] = 'production'
app.config['DEBUG'] = False
```

4. 选择 WSGI 服务器

WSGI 是 Python Web 应用与 Web 服务器之间的标准接口。Flask 的内置服务器不适合生产环境，因此需要使用生产级别的 WSGI 服务器，如 Gunicorn、uWSGI 等。

Gunicorn 示例代码如下。

```bash
gunicorn --bind 0.0.0.0:8000 wsgi:app
```

该命令启动 Gunicorn 服务器，监听 8000 端口，并运行 Flask 应用。wsgi:app 表示 WSGI 入口文件（通常命名为 wsgi.py）中的 Flask 应用实例。

WSGI 入口文件（wsgi.py 示例）示例代码如下。

```python
from my_flask_app import app

if __name__ == "__main__":
    app.run()
```

5. 配置反向代理服务器

Nginx 通常作为反向代理服务器，处理来自客户端的 HTTP 请求，并将它们转发给 Gunicorn 等 WSGI 服务器。

安装 Nginx 代码如下。

```bash
sudo apt-get install nginx
```

Nginx 配置文件示例代码如下。

```nginx
server {
```

```
    listen 80;
    server_name example.com;

    location / {
        proxy_pass http://127.0.0.1:8000;
        proxy_set_header Host $host;
        proxy_set_header X-Real-IP $remote_addr;
        proxy_set_header X-Forwarded-For $proxy_add_x_forwarded_for;
        proxy_set_header X-Forwarded-Proto $scheme;
    }
}
```

该配置将所有来自 example.com 的请求代理到运行在本地 8000 端口上的 Gunicorn 服务器上。

启动 Nginx 代码如下。

```bash
sudo systemctl start nginx
```

确保 Nginx 服务已启动并配置正确。

6. 数据库迁移与初始化

在数据库的设置上，需要确保数据库已配置好，并且所有的迁移已应用到生产数据库。

使用 Flask-Migrate 进行迁移的代码如下。

```bash
flask db upgrade
```

以上代码将应用所有的数据库迁移到生产环境的数据库中。

7. 日志记录与监控

（1）日志记录：配置应用的日志记录，以便监控应用运行时的状态和错误。可以将日志输出到文件或集成到日志管理工具中。

（2）监控：使用监控工具（如 Prometheus、Grafana、New Relic）实时跟踪应用的性能和运行状态，确保应用稳定运行。

8. 持续集成与部署（CI/CD）

设置 CI/CD 管道（如 GitLab CI、Travis CI、Jenkins），在每次代码提交后自动运行测试并将应用部署到生产环境中。这种方式可以减少人工部署产生的错误，并加快开发迭代的速度。

9. 安全性与性能优化

（1）安全性。

● 使用 HTTPS：配置 SSL/TLS 证书（如通过 Let's Encrypt）使网站支持 HTTPS，确保数据传输的安全性。

● 防止 SQL 注入、XSS 攻击等常见安全漏洞。

(2)性能优化。

● 缓存静态资源:通过 Nginx 或 Flask 缓存静态文件,减少服务器负载。

● 使用 Content Delivery Network(CDN)加快内容交付速度。

10.2.3 示例部署流程

假设有一个名为 my_flask_app 的 Flask 应用,下面是一个完整的示例部署流程。

1. 准备服务器环境

登录到 VPS 或云服务器,确保 Python 和 pip 已安装。

2. 克隆代码并设置环境

```bash
git clone https://github.com/yourusername/my_flask_app.git
cd my_flask_app
python3 -m venv venv
source venv/bin/activate
pip install -r requirements.txt
```

3. 设置环境变量

```bash
export FLASK_ENV=production
export SECRET_KEY="your_production_secret_key"
```

4. 启动 WSGI 服务器

```bash
gunicorn --bind 0.0.0.0:8000 wsgi:app
```

5. 配置并启动 Nginx

编辑 Nginx 配置文件,将请求代理到 Gunicorn 服务器上。启动或重启 Nginx 服务。

6. 测试应用

访问 http://your_server_ip_or_domain,检查应用是否正常运行。检查 Nginx 日志和 Gunicorn 日志,确保没有错误。

通过对本节的学习,学生了解了如何将 Flask 应用从开发环境部署到生产环境。掌握部署工具和配置方法后,学生能够成功将其开发的生物信息学工具或 Web 应用上线,为用户提供稳定可靠的服务。这不仅有助于开发实际应用,也为学生未来的职业发展打下坚实基础。

第 11 章 性能优化与维护

11.1 性能调优

11.1.1 性能调优的重要性

性能调优的重要性包括三点。

(1)用户体验:应用的响应速度直接影响用户体验。响应速度慢可能导致用户流失,尤其是在用户期待实时反馈的情况下。

(2)资源利用:高效的代码和系统配置能更好地利用服务器资源,减少不必要的开销,降低成本。

(3)可扩展性:优化后的系统更容易扩展,能够更好地应对用户增长和数据量增加的挑战。

11.1.2 性能调优的主要领域

1. 代码优化

(1)算法与数据结构。

选择适当的数据结构和算法是性能优化的基础。例如,使用哈希表代替线性搜索可以显著缩短查找时间。对常用的算法和数据结构进行时间复杂度分析,选择最优解法。

(2)减少重复计算。

使用缓存(如 Memcached 或 Redis)存储经常访问的数据,避免重复计算。使用装饰器或缓存函数的返回值,减少不必要的函数调用。

(3)优化数据库查询。

● 索引:为经常查询的字段建立索引,可以显著提高查询性能。

● 避免 *N*+1 查询问题:在 ORM(如 SQLAlchemy)中,使用预加载或联接查询避免 *N*+1 查询问题。

● 查询优化:优化 SQL 查询语句,减少复杂的子查询和笛卡尔积。

(4)服务器性能调优。

2. 负载均衡

通过负载均衡器(如 HAProxy、NGINX)分发请求到多台服务器,平衡负载,防止单点故障。配置健康检查机制,确保请求仅分发到健康的服务器节点。

(1)多线程与多进程。

利用 Gunicorn 或 uWSGI 等 WSGI 服务器的多线程或多进程模式,提升并发处理能力。针对 I/O 密集型任务,考虑使用异步处理(如使用 Asyncio 或 Celery)。

(2)缓存策略。

- HTTP 缓存：使用 HTTP 头（如 Cache-Control、ETag）控制客户端缓存，减轻服务器压力。
- 服务器缓存：配置 NGINX、Varnish 等服务器缓存静态资源和常用的动态内容。

（3）数据库性能调优。

3. 数据库索引

通过创建适当的索引来加快查询速度，但要注意不要过度使用，因为索引也会增加写操作的开销。定期分析和优化索引，确保它们依然有效。

（1）查询优化。

分析慢查询日志，优化长时间执行的查询。使用查询计划解释器（如 EXPLAIN）了解查询的执行计划，并进行调整。

（2）连接池配置。

调整数据库连接池的大小，确保在高并发情况下能够高效地利用数据库连接。使用连接池管理工具（如 SQLAlchemy 的连接池），减少连接的创建和销毁的开销。

（3）前端性能优化。

4. 减少 HTTP 请求

合并 CSS 和 JavaScript 文件，减少 HTTP 请求的数量。使用 CSS Sprites 合并小图片，减少图像的请求数量。

（1）内容压缩。

使用 Gzip 或 Brotli 压缩内容，减少传输内容的大小。使用 WebP 等高效图像格式，减少图片尺寸的大小。

（2）异步加载资源。

使用 async 或 defer 属性加载 JavaScript，以防阻塞页面渲染。懒加载（Lazy Loading）图像和其他资源，仅在需要时加载，缩短初始页面加载时间。

（3）网络与带宽优化。

（4）内容分发网络（CDN）。

使用 CDN 分发静态资源和媒体内容，减小用户与内容服务器之间的物理距离，缩短延迟。

（5）优化带宽使用。

使用差量数据传输技术，如 HTTP/2 的 Server Push 和压缩数据传输，减少带宽占用。配置长连接（Keep-Alive），减少 TCP 连接的建立和关闭的开销。

5. 内存管理

（1）内存与 CPU 优化。

使用内存泄漏检测工具（如 Valgrind）监测和修复内存泄漏。在高性能应用中，优先使用堆外内存（Off-heap Memory）管理大数据集，减轻 GC（Garbage Collection，垃圾回收）的负担。

（2）CPU 利用率优化。

针对计算密集型任务，使用 Cython、Numba 等工具加速 Python 代码的执行。优化多线程和并发处理，避免死锁和上下文切换过多。

11.1.3　性能监测与调优工具

1. 性能监测工具

New Relic：提供实时性能监测，能够深入分析 Web 应用的各个层次。

Prometheus 和 Grafana：开源监控和报警工具，适合对服务器和应用的性能进行全面监控。

Apache JMeter：用于压力测试和负载测试，能够评估应用的并发处理能力和响应时间。

2. 日志分析工具

ELK（Elasticsearch, Logstash, Kibana）Stack：集中管理和分析日志数据，识别性能瓶颈。

Splunk：商业化的日志分析平台，提供强大的数据可视化和报警功能。

3. 代码剖析工具

cProfile：Python 的内置性能分析器，能够剖析代码的执行时间。

Py-Spy：Python 应用的实时性能分析工具，帮助开发者找到性能瓶颈。

Valgrind：用于 C/C++ 应用的内存调试和剖析工具，检测内存泄漏和性能问题。

11.1.4　性能调优的实践

1. 基准测试

在性能优化前后进行基准测试，记录关键性能指标（如响应时间、吞吐量、CPU 和内存使用率），以验证调优效果。

使用基准测试工具（如 wrk、ab）进行模拟负载测试，评估优化前后的性能差异。

2. 逐步优化

采用迭代方法逐步优化性能，每次优化一部分内容并测试其效果。

避免过早优化，应先集中精力检测性能，以确保优化工作有实际效果。

3. 持续监控与调优

性能优化是一个持续的过程，定期监控系统性能，并根据监控数据进行调整和优化。随着用户和数据量的增长，定期进行性能审查，确保系统能够持续满足性能需求。

通过对本节的学习，学生将掌握如何通过代码优化、服务器配置调整、数据库优化、前端优化等手段，系统性地提升 Web 应用和生物信息学工具的性能。这些技能在实际项目开发中至关重要，不仅能提升应用的用户体验，还能确保系统的可扩展性和稳定性。

11.2　安全性检查

11.2.1　安全性检查的重要性

（1）数据保护。用户数据，特别是生物信息学数据，往往涉及个人隐私和敏感信息。未经授权的访问可能导致严重的隐私泄露和法律后果。

（2）预防攻击。Web 应用是网络攻击的主要目标之一，如 SQL 注入、XSS 攻击、CSRF 等，通过安全性检查可以预防这些常见攻击。

（3）合规性。许多行业对数据保护有严格的法律和法规要求（如 GDPR、HIPAA）。定期的安全检查是确保应用合规的重要步骤。

11.2.2 安全性检查的主要领域

1. 身份验证与授权

（1）强密码策略。

- 强制用户设置强密码（包含大小写字母、数字、特殊字符），并定期更新密码。
- 使用加盐哈希算法（如 bcrypt、Argon2）存储密码，防止密码被轻易破解。

（2）多因素认证（MFA）。

在敏感操作或高权限用户的登录过程中，启用多因素认证，提高账户安全性。

（3）会话管理。

- 使用安全的会话管理策略（如使用 Secure 和 HttpOnly 标志的 Cookies），防止会话被劫持。
- 设置会话过期时间，确保长时间不活动的会话可以自动失效。

2. 输入验证与输出编码

（1）防止 SQL 注入。

- 使用预处理语句或 ORM 来处理数据库查询，避免直接拼接 SQL 语句。
- 检查并限制输入的长度和类型，拒绝恶意输入。

（2）防止 XSS 攻击。

- 对所有用户输入进行严格的验证和过滤，防止恶意脚本注入。
- 对输出到 HTML 页面的数据进行编码，防止恶意代码被执行。

（3）防止 CSRF。

- 使用 CSRF 令牌机制，在敏感操作（如表单提交、数据修改）中验证请求的合法性。
- 确保每次请求都携带唯一的 CSRF 令牌，并在服务器端进行验证。

3. 数据加密与传输安全

（1）HTTPS 加密。

- 使用 SSL/TLS 证书为网站启用 HTTPS，确保数据在传输过程中的安全性。
- 配置 HSTS（HTTP Strict Transport Security），强制客户端通过 HTTPS 连接，提高安全性。

（2）敏感数据加密。

- 对数据库中的敏感信息（如个人身份信息、生物信息数据）进行加密存储，防止数据泄露。
- 在数据传输过程中使用加密协议（如 TLS），保护数据的完整性和机密性。

（3）密钥管理。

- 使用安全的密钥管理机制，妥善保管加密密钥，防止未授权访问。
- 定期轮换密钥，并审查其使用情况，确保密钥的安全性。

4. 安全配置与硬件防护

（1）服务器与应用配置。

● 确保服务器和应用的配置安全,例如关闭不必要的服务和端口,禁用默认账户和密码。

● 对重要配置文件设置访问控制,防止未经授权的修改。

(2)防火墙与入侵检测系统(IDS)。

● 配置网络防火墙,限制不必要的网络流量,保护服务器免受外部攻击。

● 部署入侵检测系统,实时监控异常活动,并及时响应潜在威胁。

(3)安全更新与补丁管理。

● 定期更新操作系统、服务器软件和应用程序,及时修复已知的安全漏洞。

● 关注安全公告,并尽快安装安全补丁,防止已知漏洞被利用。

5. 日志管理与审计

(1)日志记录。

● 记录用户登录、数据访问和操作日志,以便后续审计和分析。

● 确保日志记录的内容包括时间戳、用户 ID、操作详情等关键信息。

(2)日志保护。

● 设置日志文件的访问权限,防止未授权访问或修改日志内容。

● 对日志文件进行定期备份,并存储在安全的地方,防止日志丢失。

(3)审计与监控。

● 定期审查日志,识别异常活动和潜在的安全威胁。

● 使用自动化工具(如 ELK Stack、Splunk)进行日志分析,提高审计效率。

6. 定期安全测试

(1)渗透测试。

● 定期进行渗透测试,模拟攻击者行为,发现系统中可能存在的安全漏洞。

● 渗透测试应涵盖网络层、应用层和数据库层,并结合手动和自动化工具。

(2)漏洞扫描。

● 使用自动化漏洞扫描工具(如 Nessus、OpenVAS)定期扫描应用和服务器,发现并修复安全漏洞。

● 结合漏洞扫描结果,评估系统的安全状况,并采取相应的补救措施。

(3)代码审计。

● 对应用代码进行安全审计,发现和修复潜在的安全缺陷。

● 结合静态代码分析工具(如 SonarQube),自动化检查代码中的安全问题。

11.2.3　常用的安全检查工具

1. 静态代码分析工具

(1)SonarQube:用于静态代码分析,能够检测代码中的安全漏洞、代码质量问题和潜在的错误。

(2)Bandit:专门用于 Python 代码的安全检查工具,能够检测常见的安全问题,如弱密码、SQL 注入等。

2. 渗透测试工具

(1)Metasploit:开源的渗透测试框架,提供大量的攻击模块,模拟真实攻击场景。

(2)OWASP ZAP:用于 Web 应用的渗透测试工具,能够检测 SQL 注入、XSS 攻击等常见漏洞。

3. 漏洞扫描工具

(1)Nessus:商业化的漏洞扫描工具,能够检测服务器、应用程序和网络设备中的安全漏洞。

(2)OpenVAS:开源的漏洞扫描工具,适用于扫描网络和应用的安全漏洞。

4. 安全监控工具

(1)Wazuh:开源的安全监控平台,集成了日志分析、入侵检测、事件响应等功能。

(2)Snort:网络入侵检测系统,用于实时监控网络流量,检测和阻止潜在的攻击行为。

11.2.4 安全性最佳实践

1. 安全编码标准

(1)遵循安全编码标准(如 OWASP 的安全编码指南),在开发过程中预防安全问题的出现。

(2)定期培训开发人员,增强他们的安全意识和能力。

2. 最小权限原则

(1)仅授予用户和应用所需的最小权限,限制未授权的访问和操作。

(2)定期审查权限设置,移除过时或不再需要的权限。

3. 安全意识的培养

(1)培养团队成员的安全意识,使安全问题成为开发流程中重点关注的问题,而不是事后采取补救措施。

(2)鼓励开发人员和团队成员主动发现和报告安全问题,共同维护应用的安全性。

在本节中,学生将学习到如何系统地进行安全性检查,保护 Web 应用和生物信息学工具免受攻击。通过采取安全措施,可以确保应用在上线后能够稳定、安全地运行,并符合相关的法律和行业标准。

11.3 持续集成与部署(CI/CD)

11.3.1 CI/CD 的概念和重要性

1. 持续集成(CI)

持续集成是一种软件开发实践,开发人员将他们的代码频繁地合并到主分支中,通常每天多次。每次合并触发自动构建和测试流程,以确保代码的兼容性和质量。

CI 通过早期发现和修复问题,减少集成的难度和降低风险。

2. 持续部署(CD)

CD 是将经过测试的代码自动部署到生产环境中的过程。它可以在每次代码变更后自动触发，使得新功能和修复能够迅速上线。

CD 通过自动化部署流程，减少了手动操作的出错机会，并确保部署的一致性。

11.3.2 CI/CD 的关键组件

1. 版本控制系统（VCS）

（1）Git：一种分布式版本控制系统，支持分支、合并、回滚等操作，适合团队协作开发。

（2）GitHub/GitLab：提供基于 Git 的代码托管服务，支持 CI/CD 和项目管理。

2. 自动化构建工具

（1）Jenkins：一个开源的自动化服务器，广泛用于 CI/CD。Jenkins 可以配置为在每次代码提交时自动构建项目，并运行测试。

（2）Travis CI：一种基于云的 CI 服务，支持与 GitHub 的无缝集成，适用于开源项目。

（3）Circle CI：一种基于云的 CI/CD 服务，支持灵活的工作流配置和多语言项目。

3. 自动化测试框架

（1）JUnit/PyTest：分别用于 Java 和 Python 项目的单元测试框架，确保代码逻辑的正确性。

（2）Selenium：用于自动化浏览器测试，模拟用户操作，验证 Web 应用的行为。

（3）Mocking：如 Mockito，用于创建测试中的模拟对象，验证依赖项的行为。

4. 容器化与编排

（1）Docker：用于创建、部署和运行应用的容器化平台，确保应用在不同环境中的一致性。

（2）Kubernetes：一个开源的容器编排工具，管理 Docker 容器的自动部署、扩展和操作。

5. 部署工具

（1）Ansible：一种开源的自动化工具，用于配置管理、应用部署和任务自动化，支持无代理架构。

（2）Terraform：一种基础设施即代码（IaC）工具，用于定义和提供云基础设施的版本化配置。

（3）GitLab CI/CD：集成 GitLab 中的 CI/CD 工具链，支持从代码提交到自动部署的完整流程。

11.3.3 CI/CD 的实现步骤

1. 代码提交与构建

（1）提交代码：开发人员将代码提交到版本控制系统的主分支或特性分支。

（2）触发构建：每次提交代码后，CI 系统会自动拉取最新代码，执行构建脚本（如编译、打包）。

（3）构建状态反馈：CI 系统将构建结果（成功或失败）反馈给开发人员，帮助他们快速修复问题。

2. 自动化测试

（1）单元测试：在代码构建完成后，自动执行单元测试，验证代码的基本功能是否正常。

（2）集成测试：在单元测试通过后，执行集成测试，检查不同模块之间的交互是否符合预期。

（3）端到端测试：模拟用户行为，测试应用从前端到后端的完整工作流程，确保用户体验的一致性。

3. 持续部署

（1）部署到测试环境：在所有测试通过后，自动将构建的应用部署到测试环境中，供 QA（Quality Assurance，质量保证）团队进行进一步验证。

（2）蓝绿部署：同时运行两套环境（蓝色和绿色），将新版本部署到绿色环境，测试无误后将流量切换到绿色环境。

（3）金丝雀发布：将新版本发布给部分用户，监控其运行状况，如果一切正常，逐步扩大发布范围。

（4）自动回滚：如果新版本在生产环境中出现严重问题，CD 系统可以自动回滚到上一个稳定版本。

4. 监控与反馈

（1）应用监控：使用监控工具（如 Prometheus、Grafana）实时监控应用的运行状态，收集性能和错误数据。

（2）日志分析：通过集中化的日志管理工具（如 ELK Stack），分析部署后的应用日志，快速定位问题。

（3）用户反馈：收集用户的反馈信息，评估新版本的接受度和使用情况，为下次迭代提供依据。

11.3.4　CI/CD 的最佳实践

1. 小步快跑，频繁集成

（1）频繁提交：鼓励开发人员频繁提交代码，每次提交都会触发自动构建和测试，可以及时发现问题。

（2）小规模变更：将大功能拆分为小的增量变更，降低每次集成的复杂性和风险。

2. 测试优先

（1）测试驱动开发（TDD）：在编写功能代码之前，先编写测试代码，确保功能实现符合预期。

（2）高测试覆盖率：努力提高单元测试、集成测试和端到端测试的覆盖率，减少代码变更引入的回归问题。

3. 基础设施即代码（IaC）

（1）自动化配置：使用 IaC 工具（如 Terraform、Ansible）定义和管理基础设施，确保环境配置的一致性和可重复性。

（2）环境一致性：确保开发、测试和生产环境的配置一致，减少环境差异引起的问题。

4. 持续监控与反馈

（1）监控关键指标：持续监控应用的关键性能指标（如响应时间、错误率），及时发现和处理异常。

（2）用户行为分析：收集和分析用户行为数据，评估新版本的影响和效果，为后续开发提供数据支持。

5. 安全集成

（1）安全扫描：将安全工具（如 Snyk、OWASP Dependency-Check）集成到 CI/CD 流水线上，自动检测代码和依赖库中的安全漏洞。

（2）合规性检查：确保在构建和部署过程中遵守行业标准和法规（如 GDPR、HIPAA），通过自动化工具进行合规性检查。

通过对本节的学习，学生可以掌握如何实现代码的持续集成与部署，确保开发过程的高效性和代码的稳定性。CI/CD 不仅简化了开发流程，还使得开发团队能够快速响应变化，持续交付高质量的软件产品。

第 12 章　生物信息学相关资源

12.1　生物信息学基础资源

生物信息学领域是一个跨学科的研究领域，结合了生物学、计算机科学和统计学等多个学科。为了帮助初学者和专业人士深入了解这一领域并获取相关数据和工具，本节将介绍一些常用的生物信息学基础资源。这些资源包括数据库、工具、在线平台和文献资料，可以极大地提升研究者的效率。

1. 工具

- BLAST（Basic Local Alignment Search Tool）：序列比对工具。
- Clustal：多重序列比对工具。
- HMMER：用于识别蛋白质家族和域的隐藏马尔可夫模型工具。
- Bioconductor：用于生物数据分析的 R 语言包。
- Pymol：用于蛋白质结构可视化的分子图像处理软件。

2. 数据库

- GenBank：一个综合的公共基因序列数据库。
- UniProt：蛋白质序列和功能信息的综合资源。
- PDB（Protein Data Bank）：蛋白质和核酸的三维结构数据库。
- Ensembl：一个基因组数据库，提供来自不同物种的基因组注释。
- KEGG（Kyoto Encyclopedia of Genes and Genomes）：提供基因和代谢途径的信息。

3. 在线平台

- Galaxy：一个支持在线数据分析的平台，提供了一个用户友好的界面，用户可以通过它构建和执行复杂的数据分析工作流。Galaxy 支持多种生物信息学分析工具，如序列比对、基因组注释、差异表达分析等。
- Bioconductor：一个基于 R 语言的生物信息学分析平台，提供了大量的 R 包用于基因组学、转录组学、表观基因组学等领域的数据分析。Bioconductor 拥有丰富的社区支持和文档资源，非常适合处理高通量数据。

4. 文献与学习资源

- PubMed：一个免费的生物医学文献数据库，由 NCBI 提供。它包含了数百万篇生物医学和生物信息学领域的论文，是查找相关研究文献的主要资源。
- *Nature Bioinformatics*：专注于生物信息学的学术期刊，涵盖了最新的研究进展、算法开发和应用案例。定期阅读该期刊有助于掌握领域前沿动态。
- Coursera 和 edX 在线课程：这两个平台提供了多种与生物信息学相关的在线课程，涵盖从基础到高级的内容。通过学习这些课程，学习者可以系统地掌握生物信息学的基本概念和技能。

生物信息学的快速发展极大地推动了生命科学研究，尤其是在基因组学和蛋白质组学领域，为理解生命过程和开发新的治疗方法提供了强大的工具和丰富的资源。

12.2　关键网站介绍

在生物信息学中，网站和在线资源提供了大量的数据、工具和平台来支持相关研究和分析。以下是生物信息学中网站的重要性和一些关键网站的介绍。

12.2.1　NCBI

NCBI（National Center for Biotechnology Information）网站是一个综合性的生物信息学平台，提供了丰富的数据资源、工具和文献数据库，包括 GenBank、PubMed、BLAST 等，是生物信息学研究的重要平台。以下是 NCBI 网站的基本架构组成。

1. 数据库资源

（1）序列数据库。

- GenBank：一个综合的公共基因序列数据库，包含来自各种生物体的 DNA 序列。
- RefSeq：提供经过注释的参考序列集，包括基因组、转录组和蛋白质序列。
- dbSNP：单核苷酸多态性（SNP）数据库，存储了人类和其他物种的遗传变异信息。

（2）蛋白质数据库。

- Protein：存储和检索蛋白质序列及其功能信息。
- Conserved Domain Database（CDD）：蛋白质保守结构域的注释和比对。

（3）基因组数据库。

- Genome：提供完整的基因组序列及其注释信息。
- Genomes 和 Maps：各种物种的基因组图谱和注释。

（4）表达和表型数据库。

- Gene Expression Omnibus（GEO）：存储和分享基因表达数据的公共资源。
- dbGaP（Database of Genotypes and Phenotypes）：存储与基因型和表型相关的研究数据。

2. 检索和分析工具

（1）序列比对工具。

- BLAST（Basic Local Alignment Search Tool）：用于 DNA 和蛋白质序列的比对和相似性搜索。
- PSI-BLAST：用于识别蛋白质的远亲同源。

（2）基因和蛋白质分析工具。

- Gene：提供基因的详细信息，包括功能注释、基因结构、表达模式等。
- Protein：提供蛋白质的功能、结构和相互作用信息。

（3）基因组浏览工具。

- Genome Data Viewer（GDV）：一个基因组浏览器，用于可视化和探索基因组数据。

3. 文献资源

- PubMed：一个免费的生物医学文献数据库，提供了广泛的科研论文。
- PubMed Central（PMC）：提供生物医学和生命科学期刊文章的免费存取服务。

4. 数据提交工具

- Sequence Read Archive（SRA）：用于提交和存储高通量测序数据。
- GenBank Submission：提供提交 DNA 和 RNA 序列数据的工具。
- GEO Submission：用于提交基因表达数据。

5. 教育和培训资源

- NCBI Handbook：提供 NCBI 资源和工具的使用指南。
- NCBI Learn：提供在线教程、视频和培训材料，帮助用户掌握 NCBI 资源的使用方法。

6. 其他资源

- Taxonomy：提供生物分类信息和物种间的进化关系。
- PubChem：提供化学分子和生物活性数据资源，支持化学和生物学研究。

NCBI 网站的架构由多个数据库、分析工具、文献资源、数据提交工具、教育资源和其他辅助资源组成。通过这些资源，NCBI 提供了一个全面的平台，支持生命科学研究的各个方面（从数据存储和检索到分析和可视化，再到文献查阅和教育培训）。

12.2.2 Ensembl

Ensembl 是一个提供综合基因组注释和浏览的平台，支持生物学研究和基因组学分析。它由一系列数据库和工具组成，允许用户访问和分析来自多种物种的基因组数据。以下是 Ensembl 网站的基本架构组成。

1. 数据库资源

（1）基因组数据库。

- Core Database：包含基因组序列、基因结构、转录本和蛋白质注释。
- Variation Database：存储单核苷酸多态性（SNP）、插入 / 缺失变异和结构变异的信息。
- Funcgen Database：提供基因组功能元素的信息，如转录因子结合位点、开放染色质区域和染色质状态。
- Compara Database：包含多种物种的比较基因组学数据，包括同源基因、系统发育树和基因组比对。

（2）转录组数据库。

- Regulation Database：提供基因调控数据，如启动子、增强子、转录因子结合位点等。

（3）数据下载和访问。

- BioMart：一个强大的数据查询和下载工具，允许用户构建复杂的查询以提取定制的数据集。
- FTP Site：允许用户下载完整的基因组、变异和比较基因组学数据。

2. 数据浏览工具

（1）基因组浏览器。

- Ensembl Genome Browser：一个直观的基因组浏览器，允许用户可视化基因、转录本、变异、调控元素和比较基因组学数据。

● Region in Detail：一个详细的基因组区域浏览器，显示选定区域内的所有基因组注释。

● Location View：提供基因组位置的概述，包括染色体图谱和详细的区域注释。

（2）基因和转录本视图。

● Gene View：显示基因的详细信息，包括基因结构、功能注释、表达数据和变异信息。

● Transcript View：提供转录本的详细信息，包括外显子 / 内含子结构、蛋白质序列和功能域注释。

（3）比较基因组学视图。

● Gene Tree View：显示基因家族的系统发育树，展示同源基因和基因复制事件。

● Synteny View：显示不同物种间的共线性区域，帮助研究基因组重排和进化。

3. 分析工具

● Ensembl BLAST/BLAT：用于将用户的序列与 Ensembl 基因组序列进行比对，寻找相似性和同源性。

● VEP (Variant Effect Predictor)：一个强大的工具，用于预测基因变异的潜在影响和注释变异的功能效应。

● Assembly Converter：将基因组坐标从一个版本转换到另一个版本。

● ID History Converter：查询基因 ID 在不同版本之间的历史变化。

4. 教育和支持资源

（1）文档和指南。

● Ensembl Documentation：提供详细的用户指南、教程和使用示例，帮助用户熟悉 Ensembl 的功能和工具。

（2）支持和社区。

● Helpdesk：提供用户支持，解答用户在使用过程中遇到的问题。

● Ensembl Blog：定期更新 Ensembl 的最新消息、功能更新和用户指南。

5. 数据提交

● Ensembl Genomes：提供数据提交渠道，使研究者可以将他们的基因组数据提交到 Ensembl，用于注释和发布。

Ensembl 网站的架构由多个数据库、数据浏览工具、分析工具、教育和支持资源以及数据提交渠道组成。它为研究者提供了一个全面的基因组学研究平台，支持多物种的基因组数据访问、分析和可视化。

12.2.3 ExPASy

ExPASy（Expert Protein Analysis System）是由瑞士生物信息学研究所（Swiss Institute of Bioinformatics，SIB）开发和维护的生物信息学资源门户。它提供了丰富的工具和数据库，主要集中在蛋白质和基因组数据的分析和注释上。以下是 ExPASy 网站的基本架构组成。

1. 数据库资源

（1）蛋白质数据库。

● UniProtKB/Swiss-Prot：提供经过人工注释和详细审查的蛋白质序列和功能信息。

● UniProtKB/TrEMBL：包含自动注释但未经审查的蛋白质序列。

(2)蛋白质家族和域的数据库。

● PROSITE:蛋白质家族和域的数据库,包含蛋白质功能位点的模式和规则。

● Pfam:蛋白质家族和域的数据库,使用隐藏马尔可夫模型进行注释。

(3)其他生物分子数据库。

● GlyConnect:糖蛋白的数据库,提供关于糖基化位点和糖链结构的信息。

● NextProt:专注于人类蛋白质的数据库,提供详细的功能和注释信息。

2. 分析和预测工具

(1)蛋白质序列分析工具。

● ProtParam:计算蛋白质序列的物理化学性质,例如分子量、等电点、吸收系数等。

● Compute pI/Mw:计算蛋白质的等电点和分子量。

(2)蛋白质结构分析工具。

● SWISS-MODEL:用于同源建模的在线工具,生成蛋白质的三维结构模型。

● DeepView(Swiss-PdbViewer):用于可视化和分析蛋白质三维结构的工具。

(3)基因组和转录组分析工具。

● BLAST:提供序列比对和同源搜索功能,支持 DNA 和蛋白质序列。

● Clustal Omega:用于多重序列比对,支持蛋白质和核酸序列。

3. 数据提交和获取

(1)数据提交工具:提供了提交蛋白质序列、注释和其他相关数据的接口,使得研究者可以将他们的数据纳入 ExPASy 的数据库。

(2)数据获取工具:提供了方便的数据检索和下载接口,使研究者可以轻松获取他们所需的数据。

4. 教育和培训资源

● Documentation and Tutorials:提供各种工具和数据库的使用指南和教程,帮助用户熟悉和使用 ExPASy 的资源。

● Workshops and Webinars:定期举办培训研讨会和网络讲座,提供深入的培训和最新的发展动态。

5. 其他资源

(1)文献和出版物:提供相关的科学文献和出版物,帮助研究者了解最新的研究进展和技术发展。

(2)社区和支持:提供用户支持和社区互动平台,用户可以在这里提出问题、分享经验和交流想法。

ExPASy 由多个数据库、分析和预测工具、数据提交和获取工具、教育和培训资源以及其他辅助资源组成。通过这些资源,ExPASy 为蛋白质和基因组研究提供了一个全面且易于使用的平台,支持研究者进行数据分析、注释和共享。

12.2.4 Bio-Med 大数据中心

Bio-Med 大数据中心是中国生物信息学资源导航的网站。该网站主要提供与生物信息学相关的学会、组织和生物计算中心的链接,也包含网关及网络资源的链接。

Bio-Med 大数据中心隶属中国科学院上海营养与健康研究所,致力于为 CAS 数据库、上海和全国的生物医学研究提供包括数据收集与共享、数据管理与分析在内的全周期大数据服务；建立数据安全、集成、共享和挖掘的技术框架，加快生物医学数据资源的协作网络建设；支持国家生物医学大数据系统，促进生命科学数据的范式转变，加快生物学、医学、数学和信息技术的跨学科融合发展，提高国家的“融合研究”能力。

Bio-Med 大数据中心是一个集成和分析大量生物医学数据的平台，旨在促进医学研究和医疗实践中的数据驱动决策。该网站通过提供丰富的数据资源、强大的分析工具和先进的技术支持，帮助研究者、临床医生和数据科学家探索和理解复杂的生物医学数据，从而推动医学进步和创新。

1. 主要功能和特点

（1）数据集成和存储。

● 多样化的数据来源：整合来自基因组学、蛋白质组学、代谢组学、临床数据和公共数据库的数据。

● 大数据存储：利用分布式存储技术，如 Hadoop 和 NoSQL 数据库，存储和管理海量数据。

（2）数据分析和处理。

● 高性能计算：利用云计算和分布式计算技术，如 Apache Spark 和 Dask，处理和分析大规模数据集。

● 机器学习和人工智能：集成各种机器学习算法和深度学习模型，进行数据挖掘、模式识别和预测分析。

（3）数据可视化。

● 交互式图表和仪表板：提供丰富的可视化工具，如 Plotly、D3.js 和 Tableau，帮助用户直观地理解数据。

● 多维数据分析：支持多维度数据的交互式探索和分析。

（4）数据共享和协作。

● 安全的数据共享：通过权限控制和加密技术，确保数据共享的安全性和隐私性。

● 协作平台：提供在线协作工具和工作区，支持团队间的协作研究。

（5）API 和开发者支持。

● 开放 API：提供 RESTful API 和 GraphQL 接口，方便开发者接入及使用平台数据和功能。

● 开发者文档和支持：提供详细的 API 文档、示例代码和技术支持，帮助开发者快速上手。

（6）临床应用。

● 个性化医疗：基于患者的基因组数据和临床数据，提供个性化的诊断和治疗建议。

● 疾病监测和预防：通过数据分析和预测模型，进行疾病的早期监测和预防。

（7）数据安全和合规。

● 数据隐私保护：严格遵守数据隐私法规，如 HIPAA 和 GDPR，确保用户数据的安全性和隐私性。

● 合规性审查：定期进行安全审查和合规性评估，确保平台符合相关法律法规。

2. 技术架构

(1)前端架构。

- 响应式设计:采用 React 或 Vue.js 等前端框架,确保网站在不同设备上都有良好的用户体验。
- 可视化库:使用 D3.js、Plotly 等库进行数据可视化。

(2)后端架构。

- 微服务架构:采用 Spring Boot 或 Node.js 等技术,实现高效的服务管理和扩展。
- 高性能计算:使用 Apache Spark、Hadoop 等技术进行大数据处理。

(3)数据存储。

- 分布式存储:利用 Hadoop HDFS、Apache Cassandra 等技术存储和管理大规模数据。
- 关系型数据库:使用 MySQL 或 PostgreSQL 存储结构化数据。

(4)数据安全。

- 加密技术:使用 SSL/TLS 等加密技术保护数据传输安全。
- 权限控制:通过 OAuth2、JWT 等技术实现用户认证和权限管理。

3. 目标用户

- 研究人员:提供丰富的数据和强大的分析工具,支持生物医学研究。
- 临床医生:提供个性化医疗建议和疾病监测工具,辅助临床决策。
- 数据科学家:提供先进的机器学习和数据挖掘工具,支持大数据分析和建模。
- 开发者:提供开放 API 和开发支持,帮助开发者构建创新的生物医学应用。

Bio-Med 大数据中心是一个集成、分析和共享生物医学数据的综合平台,致力于推动医学研究和医疗实践的数字化转型。通过提供多样化的数据资源、先进的分析工具和强大的技术支持,该网站帮助用户更好地理解和利用生物医学数据,从而促进医学进步和提高健康水平。

12.2.5 北京大学生物信息中心

北京大学生物信息中心(Center for Bioinformatics, CBI)是北京大学下属的一个研究机构,致力于生物信息学和计算生物学领域的研究、教育和技术开发。CBI 汇集了多学科的专家和研究人员,通过跨学科合作,推动生物信息学的前沿研究和应用。CBI 为研究人员、学生和公众提供了丰富的资源和信息,促进生物信息学的发展和交流。

1. 主要功能和特点

(1)研究项目和成果。

- 研究项目:展示当前正在进行的研究项目,包括基因组学、蛋白质组学、系统生物学、结构生物学等领域的研究。
- 研究成果:发布和发展最新的研究成果和论文,展示研究团队的创新成果。

(2)教育和培训。

- 课程信息:提供北京大学生物信息学相关课程的信息,包括课程简介、教学大纲、授课教师等。
- 培训项目:介绍各种培训项目和研讨会,帮助学生和研究人员提升生物信息学技能和知识。

（3）资源和工具。

● 数据库：提供 CBI 开发和维护的生物信息学数据库，供研究人员使用。

● 分析工具：提供各种生物信息学分析工具和软件，支持基因组、蛋白质组和其他生物数据的分析。

（4）合作与交流。

● 合作项目：介绍与国内外科研机构、大学和企业的合作项目，促进跨机构合作。

● 学术交流：发布学术讲座、研讨会和会议信息，促进学术交流和知识共享。

（5）新闻和公告。

● 中心新闻：发布 CBI 的最新动态和活动信息。

● 公告：发布重要通知和公告，如招聘信息、奖学金信息等。

（6）人员介绍。

● 研究团队：介绍 CBI 的研究团队，包括教授、研究员和学生等。

● 联系方式：提供各个团队成员的联系方式，方便交流和合作。

2. 技术架构

（1）前端架构。

● 响应式设计：使用 HTML5、CSS3 和 JavaScript 等技术，确保网站在各种设备上都有良好的显示效果。

● 前端框架：采用 React、Vue.js 或 Angular 等前端框架，提高用户交互体验。

（2）后端架构。

● 服务器端技术：使用 Java、Python 或 Node.js 等技术构建后端服务，处理数据请求和动态内容生成。

● 内容管理系统（CMS）：使用 WordPress、Drupal 或自建的 CMS，以便更新和管理内容。

（3）数据库。

● 关系型数据库：使用 MySQL、PostgreSQL 或 Oracle 数据库存储结构化数据。

● 非关系型数据库：使用 MongoDB 等 NoSQL 数据库存储非结构化数据。

（4）安全性。

● 身份验证和授权：使用 OAuth2、JWT 等技术，确保用户数据的安全性和隐私保护。

● 数据加密：使用 SSL/TLS 协议加密数据传输，确保数据传输的安全性。

3. 目标用户

● 研究人员：提供最新的研究资源、工具和合作机会，支持科研工作。

● 学生：提供课程和培训信息，帮助学生学习和掌握生物信息学知识。

● 学术界和工业界合作伙伴：提供合作平台，促进跨学科和跨机构的合作与交流。

北京 CBI 是一个集研究、教育、资源和合作于一体的平台，致力于推动生物信息学的发展。通过提供丰富的研究项目、教育培训、分析工具和学术交流资源，CBI 为研究人员、学生和合作伙伴提供了一个全面的信息和服务平台，促进生物信息学的创新和应用。

12.2.6 DDBJ

日本的 DNA 数据库（DNA Data Bank of Japan, DDBJ）是一个致力于收集、整理和提供核酸序列数据的公共数据库。作为国际核酸序列数据库联盟（INSDC）的成员之一，DDBJ 与美国的 GenBank 和欧洲的 ENA（European Nucleotide Archive）共同合作，确保全球核酸序列数据的共享和一致性。DDBJ 由日本国立遗传学研究所（National Institute of Genetics, NIG）管理和运营。

1. 主要功能和特点

（1）数据存储与访问。

● 核酸序列数据：提供全面的核酸序列数据，包括 DNA、RNA 等序列。

● 数据提交：研究人员可以通过 DDBJ 提交新的核酸序列数据，数据会被自动纳入国际核酸序列数据库。

● 数据检索：提供多种检索方式，如基于序列的相似性检索、关键字检索和高级检索。

（2）数据分析工具。

● BLAST（Basic Local Alignment Search Tool）：用于核酸序列的相似性搜索。

● ClustalW：多重序列比对工具，用于比较和对齐多个核酸或蛋白质序列。

● SNP：提供单核苷酸多态性（SNP）数据的检索和分析工具。

（3）数据库资源。

● DRA（DDBJ Sequence Read Archive）：存储和管理高通量测序数据，支持大规模序列数据的存储和检索。

● Genomes：提供完整的基因组序列数据的检索和下载服务。

● Functional Annotation：提供功能注释数据，帮助研究人员理解基因和基因产物的功能。

（4）数据共享与合作。

● INSDC 合作：DDBJ 与 GenBank 和 ENA 合作，确保核酸序列数据的全球共享和一致性。

● 数据发布：提供公开的数据集，支持全球研究人员进行科学研究。

（5）用户支持与培训。

● 用户指南：提供详细的用户指南和常见问题解答，帮助用户提交和检索数据。

● 培训和研讨会：定期举办培训课程和研讨会，提升用户的生物信息学技能和数据分析能力。

2. 技术架构

（1）前端架构。

● 响应式设计：采用 HTML5、CSS3 和 JavaScript 技术，确保网站在各种设备上的显示质量和操作体验。

● 前端框架：使用现代前端框架，如 React 或 Vue.js，提高用户交互体验。

（2）后端架构。

● 服务器端技术：使用 Java、Python 或 Perl 等语言构建后端服务，处理数据请求和生成动态内容。

● 内容管理系统（CMS）：使用定制的 CMS，以便更新和管理内容。

（3）数据库。

● 关系型数据库：使用 MySQL 或 PostgreSQL 等关系型数据库存储结构化数据。

● 大数据技术：使用 Hadoop 或 Spark 等技术处理和分析大规模序列数据。

(4)安全性。

● 身份验证和授权：使用 OAuth2 或 JWT 等技术，确保用户数据的安全性和隐私保护。

● 数据加密：使用 SSL/TLS 协议加密数据传输，确保数据传输安全。

3. 目标用户

● 研究人员：提供核酸序列数据和分析工具，支持生物学和生物信息学研究。

● 生物信息学家：提供丰富的数据集和分析工具，支持复杂的生物数据分析。

● 学生和教育工作者：提供学习资源和培训课程，帮助他们学习和掌握生物信息学知识。

DDBJ 是一个重要的核酸序列数据库，致力于为全球研究人员提供高质量的核酸序列数据和分析工具。通过与国际核酸序列数据库联盟的合作，DDBJ 确保了核酸序列数据的全球共享和一致性。DDBJ 提供了多种数据检索和分析功能，以及用户支持和培训资源，促进了生物学和生物信息学研究的发展。

12.2.7 TCGA

癌症基因组图谱计划(The Cancer Genome Atlas Program, TCGA)是由美国国家癌症研究所(National Cancer Institute, NCI)和国家人类基因组研究所(National Human Genome Research Institute, NHGRI)共同资助的项目。TCGA 致力于通过对多种癌症的基因组进行全面分析，理解癌症的分子基础，推动个性化治疗和精准医学的发展。

1. 主要功能和特点

(1)数据存储与访问。

● 多种癌症类型数据：TCGA 涵盖多种癌症类型的数据，包括基因组、转录组、蛋白质组和表观基因组数据。

● 数据下载：用户可以访问和下载各种层次的基因组数据，用于研究和分析。

(2)数据分析工具。

● 数据可视化：提供交互式数据可视化工具，帮助用户理解和解释复杂的基因组数据。

● 分析平台：集成多种数据分析工具，如基因表达分析、突变分析、拷贝数变异分析等。

(3)研究资源。

● 研究论文和成果：提供基于 TCGA 数据的研究论文和成果，展示最新的研究进展和发现。

● 病例分析：包括详细的病例数据和分析结果，帮助研究人员深入理解特定癌症的分子特征。

(4)数据共享与合作。

● 数据共享政策：遵循开放数据政策，鼓励数据共享和再利用，促进全球癌症研究的合作与交流。

● 合作项目：与其他研究机构和项目合作，推动癌症基因组研究的发展。

(5)用户支持与培训。

● 用户指南：提供详细的用户指南和技术文档，帮助用户有效使用 TCGA 资源。

● 培训和研讨会：定期举办培训课程和研讨会，提升用户的数据分析技能和研究能力。

2. 技术架构

(1)前端架构。

- 响应式设计:采用现代 Web 技术,如 HTML5、CSS3 和 JavaScript,确保在不同设备上都能有良好的用户体验。
- 数据可视化工具:使用 D3.js、Plotly 等数据可视化库,提供直观的图形展示和交互功能。

(2)后端架构。

- 服务器端技术:使用 Python、Java 或 R 等语言构建后端服务,处理数据请求和生成动态内容。
- 数据处理管道:使用 Apache Hadoop、Spark 等大数据技术处理和分析大规模基因组数据。

(3)数据库。

- 关系型数据库:使用 PostgreSQL 或 MySQL 存储结构化数据。
- 非关系型数据库:使用 MongoDB、NoSQL 等数据库存储非结构化数据,支持高效查询和检索。

(4)安全性。

- 数据隐私保护:遵守严格的数据隐私保护政策,确保患者数据的安全性和隐私性。
- 身份验证和授权:使用 OAuth2、JWT 等技术,实现安全的用户认证和访问控制。

3. 目标用户

- 研究人员:提供丰富的癌症基因组数据和分析工具,支持生物学和医学研究。
- 临床医生:提供个性化治疗和精准医学的研究成果,辅助临床医生做出决策。
- 数据科学家:提供大规模数据集和分析平台,支持复杂的基因组数据分析。
- 学生和教育工作者:提供学习资源和培训课程,帮助他们学习和掌握癌症基因组学知识。

TCGA 是一个致力于帮助研究人员理解癌症分子基础的综合性研究项目,它提供了丰富的癌症基因组数据、先进的数据分析工具和全面的研究资源,支持全球研究人员、临床医生和数据科学家在癌症研究和治疗方面的工作。通过数据共享和合作, TCGA 推动了癌症基因组学的进步,促进了个性化医疗和精准医学的发展。

12.3 总结

生物信息学网站在生物信息学研究中扮演着重要的角色,提供了数据存储、在线分析工具、数据共享平台、生物网络分析工具以及丰富的文献资源。这些网站大大提高了研究效率,促进了全球范围内的合作与交流,加速了生命科学研究的进展。

参考文献

[1] BIAN J, TOPALOGLU U, YU F. Towards large-scale twitter mining for drug-related adverse events[C]//Proceedings of the 2012 International Workshop on Smart Health and Wellbeing. New York:ACM,2012:25-32.

[2] LIU X, CHEN H. AZDrugMiner: an information extraction system for mining patient-reported adverse drug events in online patient forums[J]. Lecture notes in computer science 2013,8040(1):134-150.

[3] SARKER A, GONZALEZ G. Portable automatic text classification for adverse drug reaction detection via multi-corpus training[J]. Journal of biomedical informatics, 2015, 53: 196-207.

[4] ZHANG Z F, NIE J Y, ZHANG X Y. An ensemble method for binary classification of adverse drug reactions from social media[C]//Proceedings of the Social Media Mining Shared Task Workshop at the Pacific Symposium on Biocomputing. Big Island, HI: Pacific Symposium on Biocomputing,2016:96-105.

[5] ALIMOVA I, TUTUBALINA E. Automated detection of adverse drug reactions from social media posts with machine learning[J]. Lecture notes in computer science, 2018, 10716:3-15.

[6] KIRITCHENKO S,MOHAMMAD S M,MORIN J,et al. NRC-Canada at SMM4H shared task: classifying Tweets mentioning adverse drug reactions and medication intake[J]. Journal of biomedical informatics,2018(76):48-59.

[7] HUYNH T, HE Y, WILLIS A, et al. Adverse drug reaction classification with deep neural networks[C]//Proceedings of the 26th International Conference on Computational Linguistics. Osaka:COLING,2016:878-887.

[8] TUTUBALINA E, NIKOLENKO S. Combination of deep recurrent neural networks and conditional random fields for extracting adverse drug reactions from user reviews[J]. Journal of healthcare engineering,2017(1):9451342.

[9] ZHANG M, GENG G. Adverse drug event detection using a weakly supervised convolutional neural network and recurrent neural network model[J]. Information, 2019, 10(9): 276.

[10] EI-ALLALY E, SARROUTI M, EN-NAHNAHI N, et al. DeepCADRME: a deep neural model for complex adverse drug reaction mentions extraction[J]. Pattern recognition letters,2021,143:27-35.

[11] HUSSAIN S,AFZAL H,SAEED R,et al. Pharmacovigilance with Transformers: a framework to detect adverse drug reactions using BERT fine-tuned with FARM[J]. Computational and mathematical methods in medicine,2021(1):5589829.

[12] NISHIOKA S，WATANABE T，ASANO M，et al. Identification of hand-foot syndrome from cancer patients' blog posts：BERT-based deep-learning approach to detect potential adverse drug reaction symptoms[J]. PLoS one，2022，17(5)：1-13

[13] WEI J，ZOU K. EDA：easy data augmentation techniques for boosting performance on text classification tasks[J]. Journal of machine learning research，2019，20(1)：1-10.

[14] ZHENG X Q，ZENG J H，ZHOU Y，et al. Evaluating and enhancing the robustness of neural network-based dependency parsing models with adversarial examples[C]//Proceedings of the 58th Annual Meeting of the Association for Computational Linguistics. Florence：ACL，2020：6600-6610.

[15] SKRETA M，ARBABI A，WANG J，et al. Training without training data：improving the generalizability of automated medical abbreviation disambiguation[C]//Machine Learning for Health Workshop. Vancouver：PMLR，2020：233-245.

[16] SU P，LI G，WU C，et al. Using distant supervision to augment manually annotated data for relation extraction[J]. PLoS one，2019，14(7)：e0216913.

[17] KANG K，TIAN S，YU L. Named entity recognition of local adverse drug reactions in Xinjiang based on transfer learning[J]. Journal of intelligent & fuzzy systems：applications in，2021，40(5)：8899-8914.

[18] WU X，LV S，ZANG L，et al. Conditional BERT contextual augmentation [J]. Lecture notes in computer science，2019，11539：84-95.

[19] DENG Y F，XU X R，QIU Y，et al. A multimodal deep learning framework for predicting drug-drug interaction events[J]. Bioinformatics，2020，36(15)：4316-4322.

[20] LEE G，PARK C，AHN J. Novel deep learning model for more accurate prediction of drug-drug interaction effects[J]. BMC bioinformatics，2019，20(1)：415.

[21] ZHANG P，WANG F，HU J，et al. Label propagation prediction of drug-drug interactions based on clinical side effects[J]. Scientific reports，2015，5(1)：12339.

[22] YU H，DONG W M，SHI J Y. RANEDDI：relation-aware network embedding for drug-drug interaction prediction[J]. Information sciences，2022，582：167-180.

[23] HONG Y，LUO P Y，JIN S T，et al. LaGAT：link-aware graph attention network for drug-drug interaction prediction[J]. Bioinformatics，2022，38(24)：5406-5412.

[24] ASADA M，MIWA M，SASAKI Y. Enhancing drug-drug interaction extraction from texts by molecular structure information[J]. Journal of biomedical informatics，2018，87：88-99.

[25] DUTTA P，SAHA S. Amalgamation of protein sequence，structure and textual information for improving protein-protein interaction identification[C]//Proceedings of the 58th Annual Meeting of the Association for Computational Linguistics. Florence：ACL，2020：6396-6407.

[26] SAKHOVSKIY A，TUTUBALINA E. Multimodal model with text and drug embeddings for adverse drug reaction classification[J]. Journal of biomedical informatics，2022，135：104182.

[27] KLEIN A Z，BANDA J M，GUO Y T，et al. Overview of the 8th social media mining for

health applications(#SMM4H)shared tasks at the AMIA 2023 annual symposium[J]. Journal of the American medical informatics association,2024,31(4):991-996.

[28] MAGGE A, KLEIN A, MIRANDA-ESCALADA A, et al. Proceedings of the Sixth Social Media Mining for Health (# SMM4H)Workshop and Shared Task[C]//Proceedings of the Sixth Social Media Mining for Health(# SMM4H)Workshop and Shared Task. Online: ACL Anthology,2021:1-12.

[29] BAI Y, ZHOU X. Automatic detecting for health-related twitter data with BioBERT[C]// Proceedings of the Fifth Social Media Mining for Health Applications Workshop & Shared Task. Washington,DC:AMIA,2020:63-69.

[30] MAHATA D, ANAND S, ZHANG H, et al. MIDAS@ SMM4H-2019: identifying adverse drug reactions and personal health experience mentions from Twitter[C]//Proceedings of the Fourth Social Media Mining for Health Applications(# SMM4H)Workshop & Shared Task. Washington,DC:AMIA,2019:127-132.

[31] SÁNCHEZ L G, ZAVALA D E, FARRÉ-MADUELL E, et al. The SocialDisNER shared task on detection of disease mentions in health-relevant content from social media: methods, evaluation, guidelines and corpora[C]//Proceedings of the Seventh Workshop on Social Media Mining for Health Applications, Workshop & Shared Task. Online: ACL Anthology, 2022:182-189.

[32] WANG C K, DAI H J, ZHANG Y C, et al. ISLab system for SMM4H shared task 2020[C]//Proceedings of the Fifth Social Media Mining for Health Applications Workshop & Shared Task. Washington,DC:AMIA,2020:42-45.

[33] SBOEV A, RYBKA R, SELIVANOV A, et al. Accuracy analysis of the end-to-end extraction of related named entities from Russian drug review texts by modern approaches validated on English Biomedical corpora[J]. Mathematics,2023,11(2):354.

[34] LIANG H, SUN X, SUN Y, et al. Text feature extraction based on deep learning: a review[J]. Eurasip journal on wireless communications and networking,2017,92:3-12.

[35] DAI A M, LE Q V. Semi-supervised sequence learning[J]. Advances in neural information processing systems,2015,28:307-315.

[36] PETERS M E, NEUMANN M, ZETTLEMOYER L, et al. Dissecting contextual word embeddings: architecture and representation[J]. Computational linguistics,2018,44(2): 245-265.

[37] RADFORD A, WU J, CHILD R, et al. Language models are unsupervised multitask learners[EB/OL].[2024-10-23].https: //insightcivic.s3.us-east-1.amazonaws.com/language-models.pdf.

[38] DEVLIN J, CHANG M W, LEE K, et al. BERT: Pre-training of deep bidirectional transformers for language understanding[C]//Proceedings of the North American Chapter of the Association for Computational Linguistics. Minneapolis:ACL,2019:4171-4186.

[39] DAI Z, YANG Z, YANG Y, et al. Transformer-XL: attentive language models beyond a fixed-length context[J]. Journal of machine learning research,2019,2(6):7-15.

[40] YANG Z L, DAI Z H, YANG Y M, et al. XINet: generalized autoregressive pretraining for language understanding[EB/OL].(2019-06-19)[2024-09-08]. https: //arxiv.org/abs/1906.08237.

[41] LIU Y H, OTT M, GOYAL N, et al. RoBERTa: a robustly optimized BERT pretraining approach[J]. Information systems research, 2019, 11692: 1-14.

[42] LEE J, YOON W, KIM S, et al. BioBERT: a pre-trained biomedical language representation model for biomedical text mining[J]. Bioinformatics, 2020, 36(4): 1234-1240.

[43] GOLDBERG Y, LEVY O. Word2vec explained: deriving mikolov et al.' s negative-sampling word-embedding method[J]. Journal of machine learning research, 2014, 15: 1-9.

[44] VASWANI A, SHAZEER N, PARMAR N, et al. Attention is all you need[C]//Proceedings of Neural Information Processing Systems(NIPS). Long Beach, CA: NeurIPS, 2017: 5998-6008.